从新手到高手

任旭 谭莉莉 董赫男 / 编著

Photoshop 2025

从新手到高手

清华大学出版社

北京

内 容 简 介

本书为针对Photoshop 2025的综合性教程，内容包含从基础工具操作到高级设计技巧的系统讲解，旨在帮助读者全面掌握Photoshop 2025的核心功能及AI新技术，进而有效提升工作效率，创作出具有专业水准的设计作品。

全书共13章，从Photoshop 2025的界面与基础操作讲起，逐步深入阐述图像编辑的核心方法。内容涵盖海报设计、平面构成、版式设计、插画绘制、AI技术应用、摄影后期、图像合成、UI设计、字体设计、滤镜调整等多个设计领域，系统解析选区、图层、绘画与图像修饰、调色、蒙版、通道、矢量工具、路径、文本工具、滤镜以及AI智能绘图等软件功能及其实际应用方式，并通过综合实例学习，帮助读者整合所学知识，在实际工作中灵活运用。

本书既适用于Photoshop初学者快速入门，也适合有一定基础的设计人员深入探究新版本功能。对于平面设计爱好者、UI设计师、电商设计师等专业人士来说，本书可作为提升工作效率与创作水平的实用工具。同时，本书内容结构清晰、讲解全面，也适合作为相关院校及培训机构的专业教材，为培养未来设计人才提供有力支持。

图书在版编目（CIP）数据

Photoshop 2025从新手到高手 / 任旭, 谭莉莉, 董赫男编著. -- 北京：清华大学出版社, 2025. 7.
（从新手到高手）. -- ISBN 978-7-302-69908-8

Ⅰ. TP391.413

中国国家版本馆CIP数据核字第20252NX029号

责任编辑：陈绿春
封面设计：潘国文
责任校对：胡伟民
责任印制：杨 艳

出版发行：清华大学出版社
　　　　网　　　　址：https://www.tup.com.cn，https://www.wqxuetang.com
　　　　地　　　　址：北京清华大学学研大厦A座　　　邮　编：100084
　　　　社　总　机：010-83470000　　　　　　　　邮　购：010-62786544
　　　　投稿与读者服务：010-62776969，c-service@tup.tsinghua.edu.cn
　　　　质 量 反 馈：010-62772015，zhiliang@tup.tsinghua.edu.cn
印 装 者：北京博海升彩色印刷有限公司
经　　销：全国新华书店
开　　本：188mm×260mm　　　印　张：13.75　　　字　数：435千字
版　　次：2025年9月第1版　　　　　　　　　　　印　次：2025年9月第1次印刷
定　　价：79.00元

产品编号：108913-01

前　言

　　Photoshop 是 Adobe 公司推出的一款专业图像处理软件，主要用于处理由像素构成的数字图像。Photoshop 2025 结合 AIGC（Artificial Intelligence Generated Content，人工智能生成内容）技术进行了创新升级，显著提升了操作效率和功能表现。借助人工智能工具，用户能够快速达成预期效果，减少烦琐的传统流程，充分释放创作潜力。

　　本书从界面认知和工具熟悉入手，逐步深入到基础操作及进阶设计的应用。通过循序渐进的教学体系，帮助读者从零基础稳步提升，逐步掌握 Photoshop 的核心技能与高级技法，最终实现专业级创作。

编写目的

　　在设计领域，Photoshop 始终扮演着不可或缺的角色，其应用范围广泛，涵盖图像处理、图形设计和文字排版等多个方面。掌握 Photoshop 技能，几乎可以满足大多数图像处理和创意设计的需求。凭借强大的图片编辑和图像合成功能，Photoshop 可帮助设计师轻松完成从照片修饰到复杂图像合成的多种任务。而在 Photoshop 2025 中，新增的 AI 功能更是大幅提升了操作的便捷性。

　　本书旨在全方位介绍 Photoshop 2025 的使用方法与技巧，深度解析其广泛应用场景。通过结合当下热门行业的实战案例，逐步引导读者掌握核心技能，并能够灵活应用 Photoshop 2025，真正做到学以致用。

本书特点

1.　快速从零起步，软件技术全面掌握

　　本书完全站在初学者的立场，由浅入深地对 Photoshop 的常用工具、功能、技术要点进行详细且全面的讲解。读者只要按照书中的讲解逐步练习，即使没有任何基础，也可以全面掌握 Photoshop 的使用方法。

　　除了基本内容的讲解，书中还安排了延伸讲解和答疑解惑环节，用于对相应概念、操作技巧和注意事项等进行深层次解读。

2.　紧跟AI步伐，快速拥抱时代变革

　　本书通过 14 个案例详解 Photoshop 2025 版本中的 AI 功能，同时也讲解了 Adobe Firefly 中的一系列 AI 功能。通过探索 AI 与 Photoshop 的深度结合，展示如何高效运用智能工具进行设计创作，帮助读者快速掌握新版本所带来的创新与便利，为设计实践注入全新动力。

3.　172个实战案例，设计知识全面覆盖

　　本书精心收录了 172 个实战案例，涵盖从单个工具运用到章节综合实战，再到系统化的完整案例。每个案例均配备详尽的教学素材、教学视频和源文件，确保学习过程便捷高效。这些案例经过作者严格挑选，不仅内容丰富，而且每个案例都具备典型性与实用性，为读者提供了宝贵的参考价值和实践机会。

4. 175分钟教学视频，轻松掌握软件应用

全书配备总时长达 175 分钟的视频教程，通过边看、边学、边做的教学方式，帮助读者更直观地理解和掌握 Photoshop 技能，实现从新手到高手的快速提升。

本书的配套资源请扫描下面二维码进行下载，如果在下载过程中碰到问题，请联系陈老师（chenlch@tup.tsinghua.edu.cn）。如果有技术性问题，请扫描下面的技术支持二维码，联系相关人员解决。

配套资源

技术支持

作者
2025 年 8 月

Photoshop 2025从新手到高手

目　录

第1章
初识Photoshop 2025

Photoshop 是 Adobe 公司旗下一款集图像扫描、编辑修改、图像制作、广告创意以及图像输入与输出等多种功能于一体的图像处理软件，素有"图像处理大师"的美誉。它功能强大且操作便捷，深受广大设计人员和计算机美术爱好者的青睐。

Photoshop 2025 版本在继承前一版本优势的基础上，对功能进行了全面优化与升级。该版本为用户提供了更为自由的图像编辑操作空间，具备更快的处理速度和更强大的功能，助力用户创作出令人赞叹的图像作品。

1.1 Photoshop 2025 工作界面

Photoshop 2025 的工作界面设计简洁且实用，在工具的选择、面板的访问以及工作区的切换等方面，均表现出极高的便捷性。此外，用户还能够对工作界面的亮度、颜色等显示状态进行个性化调整，从而更清晰地展示图像细节。这些设计上的改进，为用户带来了更为流畅、舒适且高效的图像编辑体验。

1.1.1 工作界面组件

Photoshop 2025 的工作界面包含菜单栏、标题栏、工具箱、工具选项栏、选项卡、状态栏以及面板等组件，如图 1-1 所示。

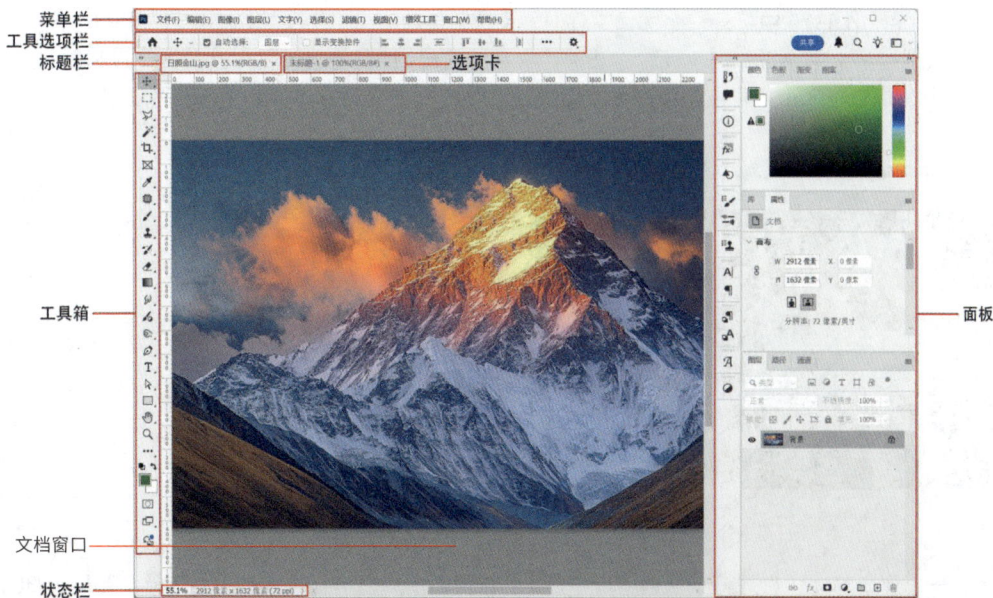

图1-1

Photoshop 2025 的工作界面各区域说明如下。

※ 菜单栏：菜单栏中包含可以执行的各种命令，单击菜单名称即可展开相应的菜单。

※ 标题栏：显示文档名称、文件格式、窗口缩放比例和颜色模式等信息。若文档中包含多个图层，标题栏中还会显示当前工作图层的名称。

※ 工具箱：包含用于执行各种操作的工具，如创建选区、移动图像、绘画和绘图等。

※ 工具选项栏：用于设置工具的各种选项，它会根据所选工具的不同而改变选项内容。

※ 面板：部分面板用于设置编辑选项，部分面板用于设置颜色属性。

※ 状态栏：可显示文档大小、文档尺寸、当前工具和窗口缩放比例等信息。

※ 文档窗口：显示和编辑图像的区域。

※ 选项卡：当打开多个图像文件时，仅在一个窗口中显示一幅图像，其余图像则被最小化到选项卡中。单击选项卡中的各个文件名，即可显示相应的图像。

延伸讲解：执行"编辑"→"首选项"→"界面"命令，弹出"首选项"对话框，在"颜色方案"选项组中可以调整工作界面的亮度，从黑色到浅灰色，共4种亮度方案，如图1-2所示。

图1-2

1.1.2 文档窗口

在 Photoshop 2025 中打开一个图像文件时，系统会自动创建一个文档窗口。若打开多个图像文件，它们会停放到选项卡中，如图1-3所示。单击一个文档的名称，即可将其设置为当前操作的窗口，如图1-4所示。按快捷键 Ctrl+Tab，可按照前后顺序切换窗口；按快捷键 Ctrl+Shift+Tab，则按照相反的顺序切换窗口。

图1-3

图1-4

单击一个窗口的标题栏并将其从选项卡中拖出，该窗口便成为可任意移动位置的浮动窗口，如图 1-5 所示。拖曳浮动窗口的一角，能够调整窗口的大小，如图 1-6 所示。将一个浮动窗口的标题栏拖曳到选项卡中，当出现蓝色横线时释放鼠标，即可将窗口重新停放到选项卡中。

图1-5

图1-6

如果打开的图像数量较多，导致选项卡中不能显示所有文档的名称，可以单击选项卡右侧的双箭头按钮 »，在打开的子菜单中选择需要的文档，如图 1-7 所示。

此外，在选项卡中，沿水平方向拖曳各个文档，可以调整它们的排列顺序。

单击一个窗口右上角的"关闭"按钮 × ，可以关闭该窗口。如果要关闭所有窗口，可以在一个文档的标题栏上右击，在弹出的快捷菜单中选择"关闭全部"选项。

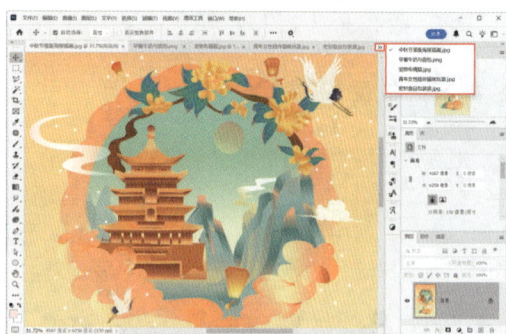

图1-7

1.1.3　工具箱

工具箱位于 Photoshop 工作界面的左侧，用户可以根据自己的使用习惯将其拖动到其他位置。利用工具箱中提供的工具，可以进行选择、绘画、取样、编辑、移动、注释、查看图像，以及更改前景色和背景色等操作。如果将鼠标指针指向工具箱中某个工具按钮，例如"移动工具" ✛ ，此时将出现一个工具提示框，同时会以动画的形式演示该工具的使用方法，如图 1-8 所示。

图1-8

延伸讲解： 工具箱有单列和双列两种显示模式，单击工具箱顶部的双箭头按钮 »，可以将工具箱切换为单排或双排显示状态。使用单列显示模式，可以有效节省屏幕空间，使图像的显示区域更大，方便操作。

1. 移动工具箱

默认情况下，工具箱停放在窗口左侧。将鼠标指针放在工具箱顶部双箭头按钮的右侧，单击并向右侧拖动鼠标指针，可以使工具箱呈浮动状态，并停放在窗口的任意位置。

2. 选择工具

单击工具箱中的工具按钮，可以选择对应的工具，如图 1-9 所示。如果工具按钮右下角带有三角形图标，表示这是一个工具组，在这样的工具上按住鼠标左键可以显示隐藏的工具，如图1-10所示；将鼠标指针移动到隐藏的工具按钮上然后释放鼠标，即可选中该工具，如图1-11所示。

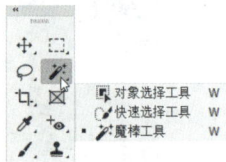 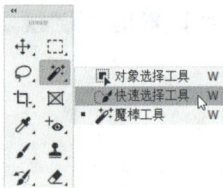

图1-9　　　　　　　　图1-10　　　　　　　　　图1-11

答疑解惑： 怎样快速选择工具？一般情况下，常用的工具都可以通过按相应的快捷键来快速选择。例如，按V键可以选择"移动工具"。将鼠标指针悬停在工具按钮上，即可显示工具名称、快捷键信息及工具使用方法。此外，按住Shift键再按工具快捷键，可以在工具组中循环选择各个工具。

1.1.4　工具选项栏

工具选项栏主要用于设置工具的参数选项。合理设置参数，不仅能显著提升工具的灵活性，还可以有效提高工作效率。不同工具对应的工具选项栏存在较大差异。以图1-12所示的"画笔工具"的工具选项栏为例，其中部分设置（如"模式"和"不透明度"）是多种工具通用的，而有些设置（如铅笔工具的"自动抹除"功能）则是特定工具专有的。

图1-12

工具操作说明如下。

※ 菜单按钮∨：单击该按钮，可以打开一个下拉列表，如图1-13所示。

※ 文本框：在文本框中单击，然后输入新数值并按Enter键即可调整数值。如果文本框右侧有下三角按钮，单击该按钮，可以显示一个滑块，拖曳滑块也可以调整数值，如图1-14所示。

※ 小滑块：在包含文本框的选项中，将鼠标指针悬停在选项名称上，鼠标指针会变为如图1-15所示的状态，单击并向两侧拖曳，可以调整数值。

图1-13　　　　　　　　图1-14　　　　　　　　　图1-15

1. 隐藏/显示工具选项栏

执行"窗口"→"选项"命令，可以隐藏或显示工具选项栏。

2. 移动工具选项栏

单击并拖曳工具选项栏最左侧的图标，可以使工具选项栏呈浮动状态（即脱离顶栏固定状态），如图1-16所示。将其拖回菜单栏下面，当出现蓝色条时释放鼠标，可重新停放到原位置。

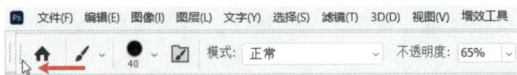

图1-16

1.1.5　菜单

Photoshop 菜单栏中的每个菜单内都包含一系列的命令，它们有不同的显示状态，只要了解了每一个菜单的特点，就能掌握这些菜单命令的使用方法。

1.　打开菜单

单击某一个菜单即可打开该菜单。在菜单中，不同功能的命令之间会用分割线分开。将鼠标指针移至"调整"命令上方，打开其子菜单，如图 1-17 所示。

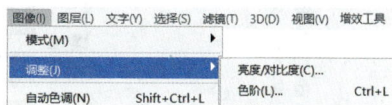
图1-17

2.　执行菜单中的命令

在菜单中选择相应命令，即可执行该命令。若命令后附有快捷键，也可通过按快捷键来执行命令。例如，按快捷键 Ctrl+O，便能弹出"打开"对话框。当子菜单中的命令后面带有黑色三角形标记，表明该命令还包含下级子菜单。若某些命令仅提供了字母提示，可按下 Alt 键 + 主菜单对应的字母 + 命令后面的字母，执行该命令。

> **答疑解惑：**当菜单中的某些命令呈现灰色显示时，意味着这些命令在当前状态下不可用。例如，在未创建选区的情况下，"选择"菜单中的大部分命令均无法使用；同样，在未创建文字时，"文字"菜单中的多数命令也不可用。若命令名称右侧带有…符号，则表示执行该命令后会弹出一个对话框。

3.　打开快捷菜单

在文档窗口的空白处、一个对象上或者在面板上右击，可以显示快捷菜单。

1.1.6　面板

面板是 Photoshop 不可或缺的组成部分，它不仅能够用于设置颜色、调整工具参数，还可以执行各类编辑命令。Photoshop 中包含了众多面板，用户可在"窗口"菜单中挑选所需的面板并将其打开。默认情况下，这些面板会以选项卡的形式成组呈现，并停靠在窗口右侧。用户可根据自身需求，对面板进行打开、关闭或自由组合等操作。

1.　选择面板

在面板选项栏中，单击一个面板的标题栏，即可切换至对应的面板，如图 1-18 和图 1-19 所示。

图1-18

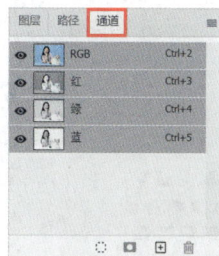
图1-19

2. 折叠/展开面板

单击"导航"面板组右上角的双三角按钮 >>，可以将面板折叠为图标状，如图 1-20 所示。单击一个图标可以展开相应的面板，如图 1-21 所示。单击面板右上角的按钮，可重新将其折叠为图标状。拖曳面板左边界，可以调整面板组的宽度，让面板的名称显示出来，如图 1-22 所示。

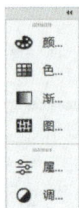  

图1-20　　　　　　　　　　图1-21　　　　　　　　　　图1-22

3. 组合面板

将鼠标指针放置在某个面板的标题栏上，单击并将其拖曳到另一个面板的标题栏上，出现蓝色框时释放鼠标，可以将其与目标面板组合，如图 1-23 和图 1-24 所示。

图1-23　　　　　　　　　　　　　图1-24

> **延伸讲解：**将多个面板整合为一个面板组，或者把一个浮动面板并入面板组，能够为文档窗口腾出更多操作空间。

4. 链接面板

将鼠标指针放置在面板的标题栏上，单击并将其拖曳至另一个面板上方，出现蓝色框时释放鼠标，可以将这两个面板链接在一起，如图 1-25 所示。链接的面板可同时移动或折叠为图标状。

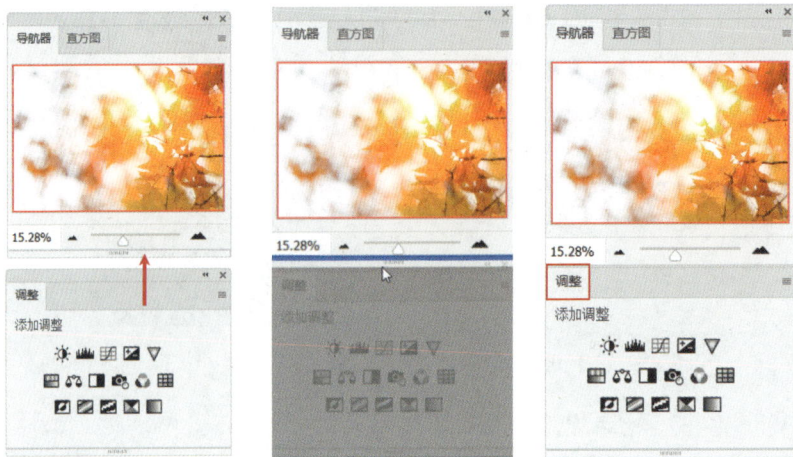

图1-25

5. 移动面板

将鼠标指针放置在面板的标题栏上，单击并向外拖曳到窗口空白处，即可将其从面板组或链接的面板组中分离出来，使之成为浮动面板，如图 1-26 和图 1-27 所示。拖曳浮动面板的标题栏，可以将它放在窗口中的任意位置。

6. 调整面板大小

将鼠标指针放置在面板的右下角，待鼠标指针变为上下箭头形状时，拖动面板的右下角，可以自由调整面板的高度与宽度，如图 1-28 所示。

图1-26　　　　　　　　　　　图1-27　　　　　　　　　　　图1-28

7. 打开面板菜单

单击面板右上角的 ▤ 按钮，可以弹出面板菜单，如图 1-29 所示。菜单中包含了与当前面板相关的各种命令。

8. 关闭面板

在面板的标题栏上右击，在弹出的快捷菜单中选择"关闭"选项，如图 1-30 所示，可以关闭该面板；选择"关闭选项卡组"选项，可以关闭该面板组。对于浮动面板，可单击右上角的"关闭"按钮 ✖，将其关闭。

图1-29　　　　　　　　　　　　　　　　图1-30

1.1.7　状态栏

状态栏位于文档窗口的底部，用于显示文档窗口的缩放比例、文档大小和当前使用的工具等信息。

单击状态栏中的箭头按钮 〉，可在弹出的菜单中选择状态栏的具体显示内容，如图 1-31 所示。如果单击状态栏，则可以显示图像的宽度、高度和通道等信息；按住 Ctrl 键单击（按住鼠标左键不放），可以显示图像的拼贴宽度等信息。

图1-31

菜单命令说明如下。

※ 文档大小：显示当前文档中图像的数据量信息。

※ 文档配置文件：显示当前文档所使用的颜色配置文件的名称。

※ 文档尺寸：显示当前图像的尺寸。

※ GPU 模式：显示当前图像的 GPU 模式。

※ 测量比例：显示文档的测量比例。测量比例是在图像中设置的与比例单位（如英寸、毫米或微米）数相等的像素，Photoshop 可测量用“标尺工具”或“选择工具”定义的区域。

※ 暂存盘大小：显示关于处理图像的内存和 Photoshop 暂存盘的信息。

※ 效率：显示执行操作实际花费时间的百分比。当效率为 100% 时，表示当前处理的图像在内存中生成；若低于该值，则表示 Photoshop 正在使用暂存盘，操作速度会变慢。

※ 计时：显示完成上一次操作所用的时间。

※ 当前工具：显示当前使用工具的名称。

※ 32 位曝光：用于调整预览图像，以便在计算机显示器上查看 32 位/通道高动态范围（HDR）图像的选项。只有文档窗口显示 HDR 图像时，该选项才可用。

※ 存储进度：保存文件时，可显示存储进度。

※ 智能对象：用于显示当前修改和丢失智能对象的数量。

※ 图层计数：显示当前文档中图层的数量。

1.2 设置工作区

在 Photoshop 的工作界面中，文档窗口、工具箱、菜单栏以及各类面板共同构成了工作区。Photoshop 提供了适配不同任务的预设工作区。例如，在进行绘画操作时，选择“绘画”工作区，窗口便会展示与画笔、色彩等相关的各类面板，同时隐藏其他面板，以此方便用户操作。此外，用户还能够依据自身使用习惯创建自定义工作区。

1.2.1 使用预设工作区

为简化某些任务的操作流程，Photoshop 专门为用户设计了数种预设工作区。用户可通过执行“窗口”→“工作区”子菜单中的命令，切换至 Photoshop 提供的预设工作区。其中，“3D”“动感”“绘画”和“摄影”等工作区是针对相应任务而设计的，如图 1-32 所示。例如，若需要编辑数码照片，可选用“摄影"工作区。此时，界面中会展示与照片修饰相关的面板，如图1-33所示。

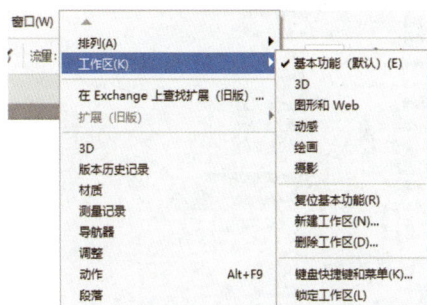

图1-32

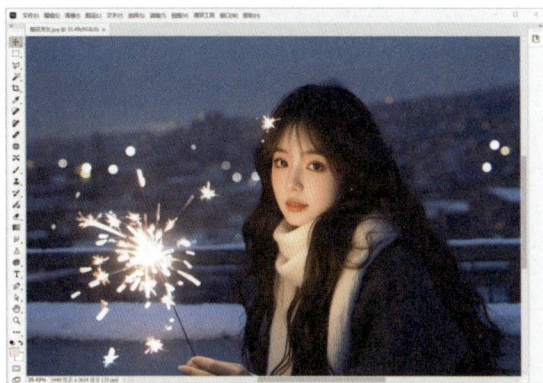

图1-33

延伸讲解： 若对工作区进行了修改（例如移动了面板的位置），执行"基本功能（默认）"命令，即可将工作区恢复为 Photoshop 的默认状态；执行"复位（某工作区）"命令，则能够复位所选的预设工作区。

1.2.2　实战：创建自定义工作区

在 Photoshop 中开展图像处理工作时，用户能够为常用的参数面板创建自定义工作区，以便后续随时调用，具体的操作步骤如下。

01 启动Photoshop，按快捷键Ctrl+O，打开相关素材中的"面食.jpg"素材文件，软件默认的是"基本功能（默认）"工作区，效果如图1-34所示。

02 关闭不需要的面板，只保留所需的面板，如图1-35所示。

图1-34

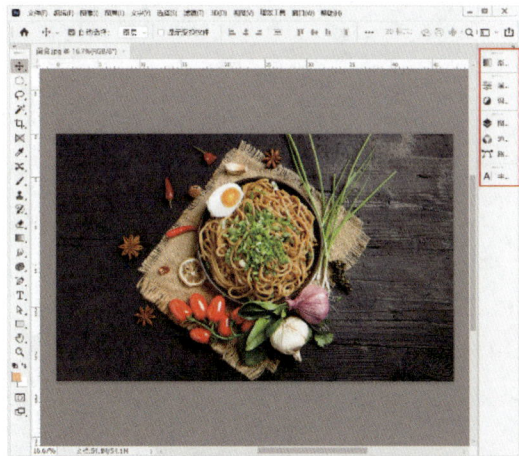

图1-35

03 执行"窗口"→"工作区"→"新建工作区"命令，弹出"新建工作区"对话框，输入工作区名称，并选中"键盘快捷键""菜单"和"工具栏"复选框，如图1-36所示，单击"存储"按钮。

04 完成上述操作后，在"窗口"→"工作区"中的子菜单中，可以看到创建的工作区已经包含在菜单中，如图1-37所示，执行该子菜单中的命令，即可切换为该工作区。

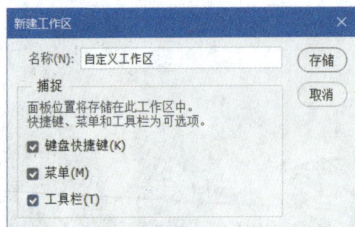
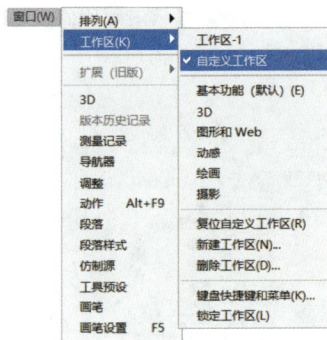

图1-36   图1-37

延伸讲解：如果要删除自定义的工作区，可以执行"删除工作区"命令。

1.2.3　实战：自定义彩色菜单命令

若需要频繁使用某些菜单命令，可将其设置为彩色显示，这样在需要时便能快速定位。具体的操作步骤如下。

01 执行"编辑"→"菜单"命令，或者按快捷键Alt+Shift+Ctrl+M，弹出"键盘快捷键和菜单"对话框。单击"图像"选项左侧的 > 按钮，展开该菜单，如图1-38所示。

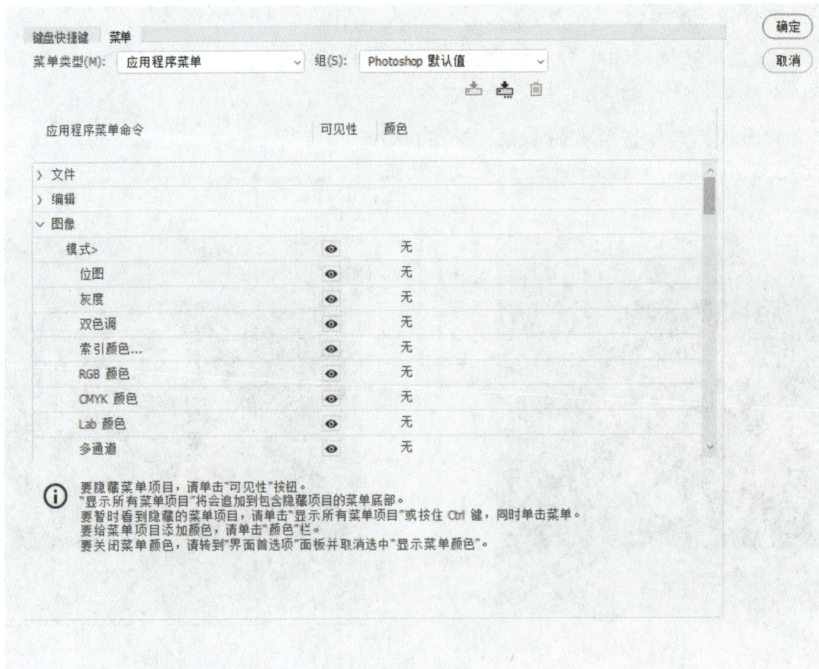

图1-38

02 选择"模式"选项，然后在命令右侧的"无"选项上单击，展开下拉列表，为"模式"命令选择蓝色（选择"无"表示不为命令设置任何颜色），如图1-39所示，单击"确定"按钮，关闭对话框。

03 展开"图像"菜单，可以看到"模式"命令的底色已经变为蓝色，如图1-40所示。

Photoshop 2025从新手到高手

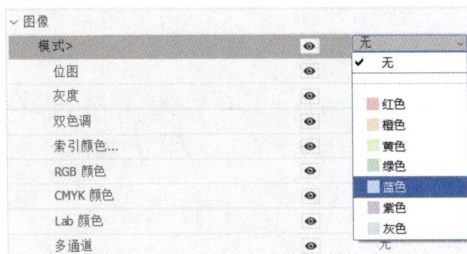

图1-39

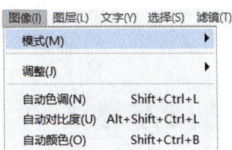

图1-40

1.2.4 实战：自定义工具快捷键

在Photoshop中，用户能够自定义各类快捷键，以满足多样化的操作需求，具体的操作步骤如下。

01 在Photoshop中，执行"编辑"→"键盘快捷键"命令（快捷键为Alt+Shift+Ctrl+K），或者在"窗口"→"工作区"子菜单中执行"键盘快捷键和菜单"命令，弹出"键盘快捷键和菜单"对话框。在"快捷键用于"下拉列表中选择"工具"选项，如图1-41所示。如果要修改菜单的快捷键，则可以选择"应用程序菜单"选项。

02 在"工具面板命令"列表中选择"抓手工具"，可以看到它的快捷键是H，单击右侧的"删除快捷键"按钮，可以将该工具的快捷键删除，如图1-42所示。

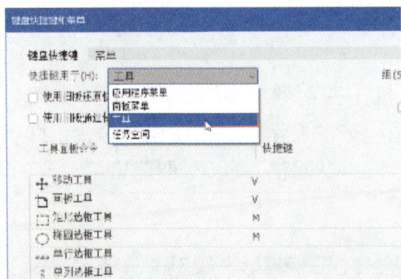

图1-41

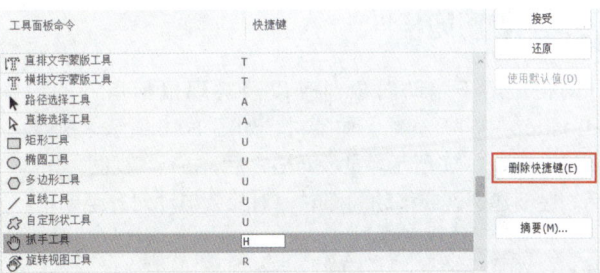

图1-42

03 "模糊工具"没有快捷键，下面将"抓手工具"的快捷键指定给它。选择"模糊工具"，在文本框中输入H，如图1-43所示。

04 单击"确定"按钮关闭对话框，在工具箱中可以看到快捷键H已经分配给了"模糊工具"，如图1-44所示。

图1-43

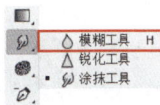

图1-44

延伸讲解： 在"组"下拉列表中选择"Photoshop默认值"选项，可以将菜单颜色、菜单命令和工具的快捷键恢复为Photoshop默认状态。

1.3 ▸ 使用辅助工具

为更精准地对图像开展编辑与调整工作，了解并掌握辅助工具十分必要。常用的辅助工具涵盖标尺、参考线、网格以及注释等，借助这些工具，用户能够执行参考、对齐、对位等操作。

1.3.1 使用智能参考线

智能参考线是一种具备智能化特性的辅助工具，它有助于实现形状、切片和选区的精准对齐。启用智能参考线功能后，当用户在画布中绘制形状、创建选区或进行切片操作时，智能参考线会自动显现。

若要启用智能参考线，可执行"视图"→"显示"→"智能参考线"命令。在显示界面中，洋红色线条即为智能参考线，如图1-45所示。

图1-45

1.3.2 使用网格

网格可用于辅助对象对齐以及实现鼠标指针的精确定位，在对称布置对象时尤为实用。在Photoshop中打开一幅图像素材，如图1-46所示，执行"视图"→"显示"→"网格"命令，即可显示网格，如图1-47所示。显示网格之后，执行"视图"→"对齐到"→"网格"命令，便能启用对齐功能。此后，在创建选区或移动图像时，对象会自动对齐至网格。

图1-46

图1-47

延伸讲解： 当图像窗口中显示网格后，即可借助网格的功能，沿着网格线对物体进行对齐或移动操作。若希望在移动物体时能够自动吸附至网格，或者在创建选区时能够依据网格线的位置自动进行定位选取，可执行"视图"→"对齐到"→"网格"命令，待"网格"命令左侧出现√标记，即表示该功能已启用。在默认状态下，网格呈现为线条状。若要对网格的样式、大小或颜色进行调整，可执行"编辑"→"首选项"→"参考线、网格和切片"命令，在随后进入的"参考线、网格和切片"选项卡中进行相应设置，例如将网格样式设置为点状。

1.3.3 标尺的使用：开心购物

在绘制和处理图像时，使用标尺能够精准地确定图像或元素的位置，具体的操作步骤如下。

01 启动Photoshop，按快捷键Ctrl+O，打开相关素材中的"素材.psd"文件，按快捷键Ctrl+R显示标尺，如图1-48所示。

02 将鼠标指针放在水平标尺上，单击并向下拖动鼠标指针可以拖出水平参考线，从而创建水平参考线，如图1-49所示。

图1-48

图1-49

03 选择"移动工具" ⊕，以水平参考线为基准，调整人物的位置，如图1-50所示。

04 将鼠标指针放在垂直标尺上，单击并向右拖动鼠标指针可以创建垂直参考线，调整人物位置如图1-51所示。

图1-50

图1-51

> **延伸讲解：** 执行"视图"→"锁定参考线"命令，能够锁定参考线的位置，避免其被意外移动；若需取消锁定，再次执行该命令即可。若要将某条参考线清除，可将其拖回标尺区域。若要一次性清除所有参考线，可执行"视图"→"清除参考线"命令。

05 若要移动参考线，可以选择"移动工具" ⊕，将鼠标指针放置在参考线上方，待鼠标指针变为 ╪ 或 ╫ 状，单击并拖动鼠标指针即可移动参考线，如图1-52所示。创建或移动参考线时，如果按住Shift键，可以使参考线与标尺上的刻度对齐。

06 选择"画笔工具" ✎，涂抹购物车内的人物，效果如图1-53所示。

图1-52 图1-53

07 选择"裁剪工具"🔲，显示裁剪框，调整裁剪框的边界，按Enter键确认裁剪，效果如图1-54所示。

图1-54

答疑解惑：如何精确地创建参考线呢？具体操作如下：执行"视图"→"新建参考线"命令，此时会弹出"新建参考线"对话框。在"取向"下拉列表中，选择创建水平参考线或垂直参考线；在"位置"文本框中，输入参考线所需的精确位置值。完成上述设置后单击"确定"按钮，即可在指定位置成功创建参考线。

1.3.4 导入注释

使用"注释工具"🔲能够在图像中添加文字注释以及其他相关内容，该工具还可用于协同开展图像制作工作、创建备忘录等。此外，还可以把 PDF 文件中包含的注释导入图像中。具体操作是：执行"文件"→"导入"→"注释"命令，此时会弹出"载入"对话框，在该对话框中选择所需的 PDF 文件，然后单击"载入"按钮，即可将注释导入图像。

1.3.5 为图像添加注释

借助"注释工具"🔲，可以在图像的任意区域添加文字注释，以此标记制作说明、记录其他实用信息等，具体的操作步骤如下。

01 启动Photoshop，按快捷键Ctrl+O，打开相关素材中的"向往的生活.jpg"文件，效果如图1-55所示。

02 在工具箱中选择"注释工具"🔲，在图像上单击，出现记事本图标📝，并且自动生成一个"注释"

面板，如图1-56所示。

图1-55

图1-56

03 在"注释"面板中输入文字，如图1-57所示。

04 在文字中再次单击，"注释"面板会自动更新到新的页面，在"注释"面板中单击◀或▶按钮，可以切换页面，如图1-58所示。

图1-57

图1-58

05 在"注释"面板中选择相应的注释并单击"删除注释"按钮，如图1-59所示。此时弹出Adobe Photoshop对话框，确认用户是否要删除注释，如图1-60所示。单击"是"按钮，删除注释。

图1-59

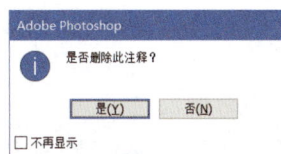

图1-60

1.4 Photoshop 2025 AI 功能

Photoshop 2025 在既往版本的基础上进行了更新迭代，不仅优化了已有功能，还实现了功能的进一步升级。本节将简要介绍其使用方法。与此同时，读者可自行启动 Photoshop，在"帮助"菜单中执行"新增功能"命令，随后在打开的"发现"对话框中查阅新功能的详细介绍。

1.4.1 使用"移除工具"移除干扰物

"移除工具"✎能够去除图像中不需要的元素，并自动进行图像修复，使图片看起来更完整，在 Photoshop 2025 中，"移除工具"✎更新了自动识别干扰物功能，如人物、电线和电缆，如图 1-61 所示为原图，如图 1-62 所示为自动查找干扰人物并去除的效果。

图1-61 图1-62

1.4.2 上下文任务栏

"上下文任务栏"可依据用户当下的操作场景，动态调整相应的功能选项与快捷命令。如此设计显著降低了用户在各菜单间频繁切换的次数，让工作流程愈发高效、顺畅。执行"窗口"→"上下文任务栏"命令可调出"上下文任务栏"。

借助"上下文任务栏"，能够更便捷地访问与当前任务紧密相关的工具和功能，进而提升操作效率，优化使用体验。当切换不同的工具或执行不同操作时，"上下文任务栏"会自动进行适配。例如，当选中"矩形选框工具"后，"上下文任务栏"会展示选区的编辑选项，如执行创成式填充等操作；而当使用"横排文字工具"时，"上下文任务栏"则会提供文字大小、字体样式、文字颜色和对齐方式等参数的快速调整选项，如图 1-63 所示。此外，在执行创成式填充操作时，"上下文任务栏"不仅支持快速输入生成内容，还允许选择生成样式以及预览效果，极大地简化了操作流程。

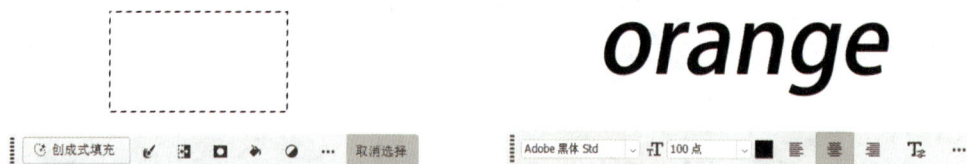

图1-63

1.4.3 Adobe Firefly：AI 助力设计

Adobe Firefly 是一款独立的 Web 应用程序，可通过访问 firefly.adobe.com 来使用它，如图 1-64

所示。该应用程序为构思、创作与交流提供了全新的方法，并且借助生成式 AI 技术，显著优化了创意工作流程。

图1-64

除 Firefly 网站外，Adobe 还拥有更为广泛的 Firefly 系列创意生成式 AI 模型。此外，在 Adobe 的旗舰应用程序以及 Adobe Stock 中，还集成了由 Firefly 提供支持的多样化功能。

在 Adobe Firefly 中，目前共有 6 项 AI 功能，如图 1-65 所示，这些功能覆盖面广泛，借助它们能够生成出各种各样的效果图像。

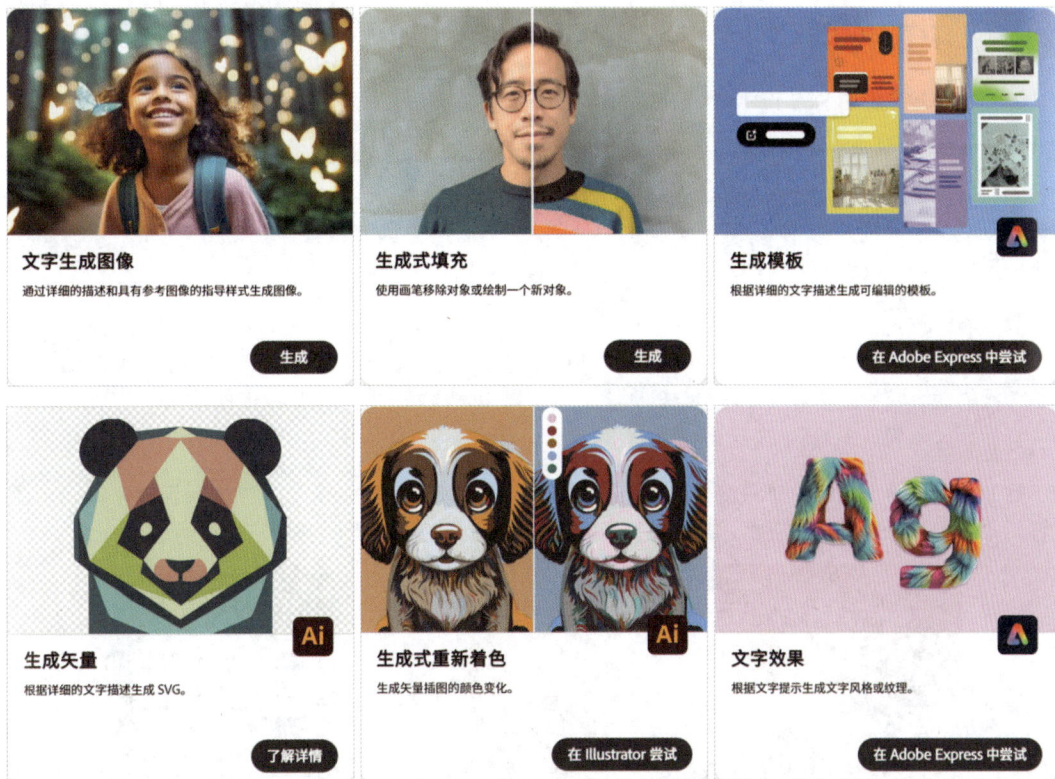

图1-65

第2章
海报设计：调用与编辑图像

Photoshop 2025 是一款专业的图像处理软件，用户只有了解并掌握该软件相关的图像处理基本常识，才能在工作时更出色地处理各类图像，进而创作出高品质的设计作品。本章将着重介绍 Photoshop 2025 中的一些基本图像编辑方法。

2.1 海报设计概述

海报设计是一种平面艺术创意性设计活动或过程，它结合广告媒体的使用特性，借助计算机上的相关设计软件，对图像、文字、色彩、版面、图形等用于表达广告的元素进行处理，旨在实现广告的目的与意图。

2.1.1 海报的分类

海报依据其应用场景的不同，大致可划分为公益海报、节日海报、社会海报等类别。

1. 公益海报

公益海报作为一种以公益为核心主题的视觉传播载体，致力于传递社会关怀、倡导公益理念，或者呼吁公众投身于某项公益活动。它往往借助设计感强烈的图像、简洁且富有感染力的文字，以及强大的视觉冲击力，吸引观者的目光，进而激发其情感共鸣，如图 2-1 所示。

2. 节日海报

节日海报适用于各类公共节日的宣传推广。在设计上，它主要侧重于突出节日氛围，如图 2-2 所示。节日海报的最大特性在于应景，在恰当的时机下，能够引发人们自发的大规模传播。

3. 社会海报

社会海报具有一定的思想深度。这类海报对公众具有特定的教育意义，其主题涵盖社会公益、道德宣传，以及政治思想宣传等方面，旨在弘扬爱心奉献、共同进步的精神，如图 2-3 所示。

图2-1

图2-2

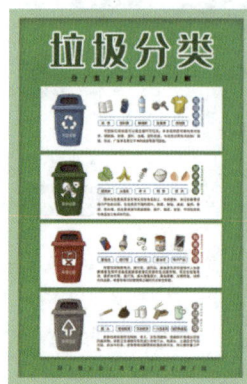

图2-3

2.1.2 对比构图技巧

海报的内容由主要内容和次要内容构成。若想突出主要内容，使观者能迅速了解广告信息，在海报设计时采用画面对比方式是绝佳选择。借助画面对比构图技巧，可引导观者按照设计思路阅读内容，把握重点信息。

1. 粗细对比

粗细对比是指运用粗犷与精细两种表现形式，将主要内容与次要内容清晰区分开来，使主体图案与陪衬图案形成鲜明对比，例如中心图案与背景图案的对比、粗犷风格与精美风格的对比等。

2. 远近对比

国画山水构图注重近景、中景、远景的层次布局，这一理念在海报设计中同样适用，可划分为近、中、远3种画面构图层次。所谓"近"，指的是画面中最为抢眼的部分图形，即第一视觉冲击力所在，这部分通常也是海报设计要传达的最重要内容。

3. 疏密对比

在海报设计中，需要集中的部分应有扩散的陪衬元素，避免画面元素过于集中或过于分散。通过合理的疏密安排，可使画面呈现协调的节奏感，张弛有度，同时确保主题突出。

4. 动静对比

动静对比能够避免画面显得过于花哨或呆板，使视觉效果更加舒适，契合人们的正常审美心理。

2.2 文件的基本操作

在使用 Photoshop 处理图像时，文件的基本操作是必须掌握的知识点，涵盖新建文件、打开文件、保存文件以及关闭文件等操作。

2.2.1 新建文件

在 Photoshop 中，可通过执行"文件"→"新建"命令，或者按快捷键 Ctrl+N，弹出"新建文档"对话框，如图 2-4 所示。在该对话框右侧的"预设详细信息"栏中，能够设置文件名，同时对文件的尺寸、分辨率、颜色模式以及背景内容等选项进行自定义设置。完成设置后，单击"创建"按钮，便能创建一个空白文件。

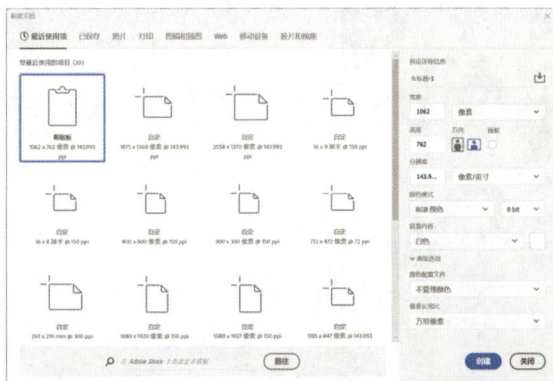

图2-4

若希望使用旧版本的"新建"对话框，可执行"编辑"→"首选项"→"常规"命令。在弹出的"设置"对话框中，选中"使用旧版'新建文档'界面"复选框，即可切换至旧版本的"新建"对话框，如图2-5所示。

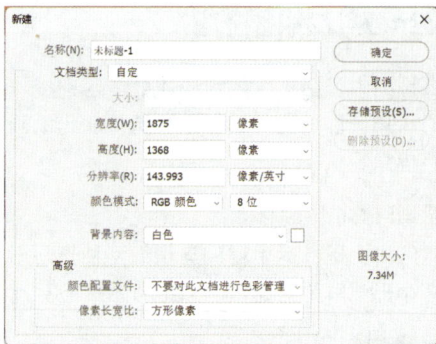

图2-5

2.2.2 打开文件

在 Photoshop 中，打开文件的方法丰富多样。既可以通过执行相关命令、按快捷键来打开文件，也能够借助 Adobe Bridge 打开文件。

1. 执行"打开"命令打开文件

在 Photoshop 中，执行"文件"→"打开"命令，或者按快捷键 Ctrl+O，此时会弹出"打开"对话框。在该对话框中，可以选择一个文件；若需选择多个文件，可按住 Ctrl 键并单击所需文件，之后单击"打开"按钮，如图 2-6 所示。此外，还可以在"打开"对话框中直接双击文件，以将其打开。

2. 执行"打开为"命令打开文件

当使用与文件实际格式不匹配的扩展名来存储文件（例如，以扩展名".gif"存储 PSD 文件），或者文件没有扩展名时，Photoshop 可能无法准确识别文件的正确格式，进而无法打开该文件。

若遇到此类情况，可执行"文件"→"打开为"命令。在弹出的"打开"对话框中选中目标文件，然后在对话框右下角的格式列表中为其指定正确的格式，如图 2-7 所示。完成格式指定后，单击"打开"按钮尝试打开文件。倘若采用这种方法仍无法打开文件，那么可能是所选取的格式与文件的实际格式不符，或者文件本身已经损坏。

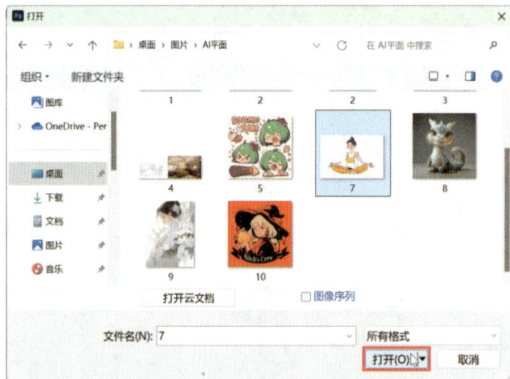

图2-6

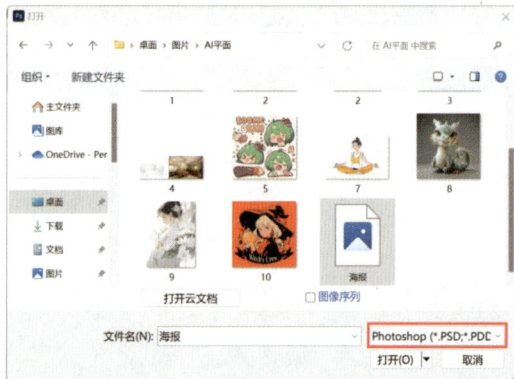

图2-7

3. 通过快捷方式打开文件

在未启动 Photoshop 的情况下，可将待打开的文件拖至 Photoshop 应用程序图标上，如图 2-8 所示。若 Photoshop 已处于运行状态，则可将图像文件直接拖至 Photoshop 的图像编辑区域以打开图像，如图 2-9 所示。

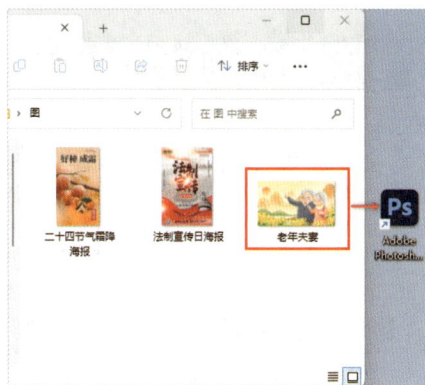

图2-8

图2-9

4. 打开最近使用过的文件

在"文件"→"最近打开文件"子菜单中会显示最近在 Photoshop 中打开过的 20 个文件。只需单击子菜单中的任意一个文件选项，即可将其打开。若执行子菜单中的"清除最近的文件列表"命令，则可清除已保存的最近打开文件记录。

5. 作为智能对象打开

在 Photoshop 中，执行"文件"→"打开为智能对象"命令，此时会弹出"打开"对话框，如图 2-10 所示。选中所需文件并打开，该文件会自动转换为智能对象，其图层缩览图右下角会显示智能对象图标，如图 2-11 所示。

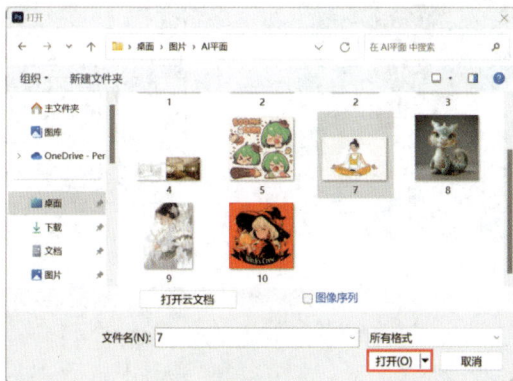

图2-10

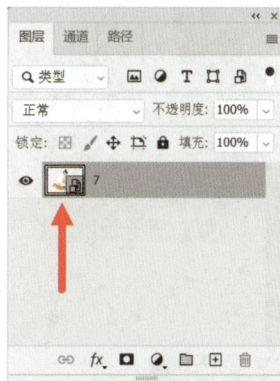

图2-11

2.2.3　置入 AI 文件：制作冰爽饮料海报

接下来，将通过执行"置入嵌入对象"命令，把 AI 格式的文件置入文档，然后运用"自由变换"命令对置入的对象进行调整，最终完成一款夏日冰爽饮料海报的制作，具体的操作步骤如下。

01 启动Photoshop，按快捷键Ctrl+O，打开相关素材中的"背景.jpg"文件，效果如图2-12所示。

02 执行"文件"→"置入嵌入对象"命令，在弹出的"置入嵌入的对象"对话框中选择"饮料.ai"文件，单击"置入"按钮，如图2-13所示。

03 弹出"打开为智能对象"对话框，在"裁剪到"下拉列表中选择"边框"选项，如图2-14所示。

图2-12　　　　　　　　　　图2-13　　　　　　　　　　图2-14

04 单击"确定"按钮，将AI文件置入背景图像文档中，如图2-15所示。

05 拖曳定界框上的控制点，对文件进行等比缩放，调整完成后按Enter键确认，效果如图2-16所示。在"图层"面板中，置入的AI图像文件右下角图标为 ，如图2-17所示。

图2-15　　　　　　　　　　图2-16　　　　　　　　　　图2-17

2.3 ▶ 查看图像

在编辑图像的过程中，常常需要调整窗口的显示比例，放大或缩小画面，以及移动画面的显示区域，从而更精准地观察和处理图像。Photoshop 提供了多种用于缩放窗口的工具和命令，例如切换屏幕模式、"缩放工具""抓手工具"以及"导航器"面板等。

2.3.1　在不同的屏幕模式下工作

单击工具箱底部的"更改屏幕模式"按钮 ，可以显示一组用于切换屏幕模式的按钮，包括"标准屏幕模式"按钮 、"带有菜单栏的全屏模式"按钮 和"全屏模式"按钮 ，如图 2-18 所示。

图2-18

※　标准屏幕模式：此为默认屏幕模式，在该模式下，菜单栏、标题栏、滚动条以及其他屏幕元素均会正常显示。

※　带有菜单栏的全屏模式：此模式会呈现带有菜单栏且背景为 50% 灰色的全屏窗口，标题栏和滚动条则不会显示。

※　全屏模式：该模式下，仅显示黑色背景的全屏窗口，标题栏、菜单栏和滚动条均被隐藏。

2.3.2　在多个窗口中查看图像

当同时打开多个图像文件时，可借助"窗口"→"排列"子菜单中的相关命令，对各个文档窗口的排列方式进行控制。

> 延伸讲解：按F键，能够在不同的屏幕模式之间进行切换；按Tab键，可实现工具箱、面板以及工具选项栏的隐藏与显示；按快捷键 Shift+Tab，则可对面板进行隐藏或显示操作。

2.3.3　旋转视图工具：可爱女孩

在 Photoshop 中开展绘图或图像修饰工作时，可运用"旋转视图工具"来旋转画布，具体的操作步骤如下。

01 启动Photoshop，按快捷键Ctrl+O，打开相关素材中的"可爱女孩.jpg"文件。在工具箱中选择"旋转视图工具" ，在窗口中单击会出现一个"罗盘"，深红色的指针指向北方，如图2-19所示。

02 按住鼠标左键拖曳即可旋转画布，如图2-20所示。如果要精确旋转画布，可以在工具选项栏的"旋转角度"文本框中输入角度值。如果打开了多幅图像，选中"旋转所有窗口"复选框，可以同时旋转这些窗口。如果要将画布恢复到原始角度，可以单击"复位视图"按钮或按Esc键。

图2-19

图2-20

> 延伸讲解：若要使用"旋转视图工具"，需要先选中"图形处理器设置"复选框。此功能可在 Photoshop 的"首选项"对话框中的"性能"选项中进行设定。

2.3.4　缩放工具：昆虫

在 Photoshop 中进行绘图或图像修饰操作时，可借助"缩放工具"对对象进行放大或缩小处理，具体的操作步骤如下。

01 启动Photoshop，按快捷键Ctrl+O，打开相关素材中的"自然界的昆虫.jpg"文件，如图2-21所示。

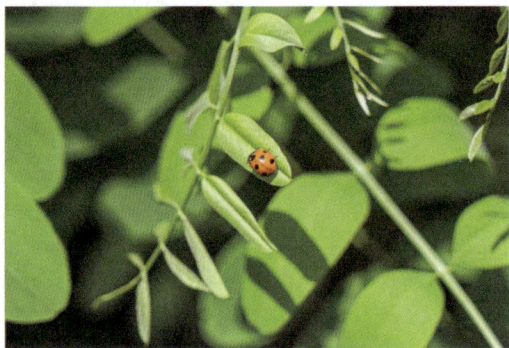

图2-21

02 在工具箱中选择"缩放工具" 🔍，将鼠标指针放置在画面之中，待鼠标指针变为 🔍 状后，单击即可放大窗口显示比例，如图2-22所示。

03 按住Alt键，待鼠标指针变为 🔍 状，单击即可缩小窗口显示比例，如图2-23所示。

图2-22

图2-23

04 在选中"缩放工具" 🔍 的状态下，选中工具选项栏中的"细微缩放"复选框，如图2-24所示。

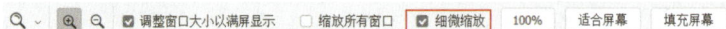

图2-24

05 单击图像并向右拖曳，能够以平滑的方式快速放大窗口，如图2-25所示。向左侧拖曳，则会快速缩小窗口比例，如图2-26所示。

图2-25

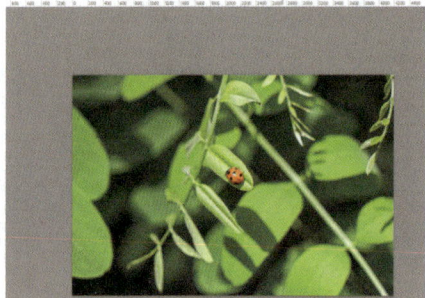

图2-26

2.3.5 抓手工具：港珠澳大桥

当图像尺寸较大，或者因放大窗口显示比例而导致无法完整显示图像时，可利用"抓手工具"移动画面，以便查看图像的不同区域。不过需要注意的是，"抓手工具"并不能用于缩放窗口。具体的操作步骤如下。

01 启动Photoshop，按快捷键Ctrl+O，打开相关素材中的"港珠澳大桥.jpg"文件，如图2-27所示。

图2-27

02 在工具箱中选择"抓手工具" ✋，将鼠标指针移到画面上方，按住Alt键并单击，可以缩小窗口，如图2-28所示。按住Ctrl键并单击，可以放大窗口，如图2-29所示。

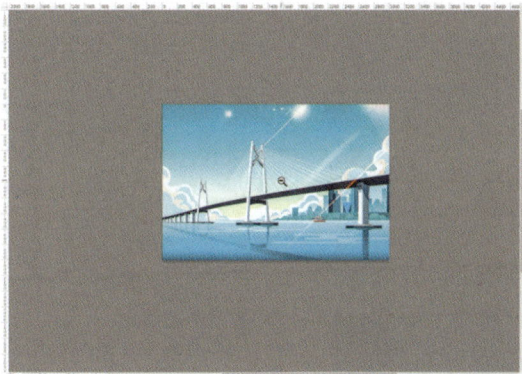

图2-28

图2-29

03 放大窗口后，释放快捷键，单击并拖曳鼠标指针即可移动画面，如图2-30所示。

> **延伸讲解：** 如果按住Alt键（或Ctrl键）和鼠标左键不放，则能够以平滑的、较慢的方式逐渐缩放窗口。此外，同时按住Alt键（或Ctrl键）和鼠标左键，向左（或右）侧拖动鼠标，能够以较快的方式平滑地缩放窗口。

图2-30

04 按住H键并单击，窗口中会显示全部图像，并出现一个矩形框，将矩形框定位在需要查看的区域，如图2-31所示。

05 释放鼠标左键和H键，此时可以快速放大并转到这一图像区域，如图2-32所示。

图2-31

图2-32

延伸讲解： 在使用绝大多数工具时，按住空格键，即可将当前工具切换为"抓手工具"。当使用"缩放工具"和"抓手工具"之外的其他工具时，按住 Alt 键并滚动鼠标中键（滚轮），也能够实现窗口的缩放操作。此外，若同时打开了多幅图像，在选项栏中选中"滚动所有窗口"复选框后，移动画面的操作将会作用于所有未能完整显示的图像。值得一提的是，"抓手工具"除上述特性外，其余选项均与"缩放工具"保持一致。

2.3.6　用"导航器"面板查看图像

"导航器"面板中集成了图像的缩览图以及窗口缩放控件，如图 2-33 所示。当文件尺寸较大，导致画面无法完整显示图像时，借助该面板来定位图像的显示区域会更为便捷。

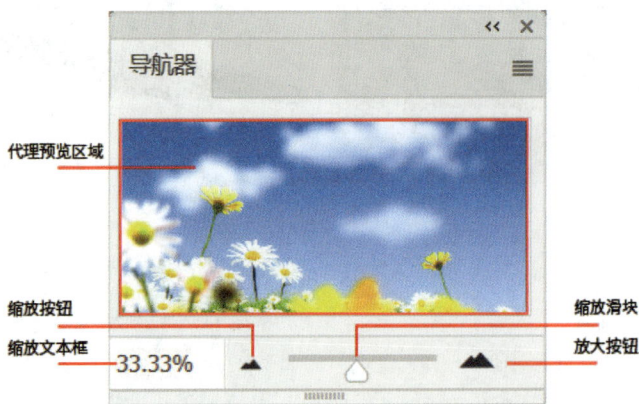
图2-33

延伸讲解： 选择"导航器"面板菜单中的"面板选项"选项，可在弹出的对话框中修改代理预览区域矩形框的颜色。

2.4　调整图像与画布

在日常生活中，我们拍摄的数码照片，或者从网络上下载的图像，有着多种多样的用途。比如，可以将它们设置为计算机桌面背景、QQ 头像、手机壁纸，也能够上传到网络相册，方便随时分享，还可以进行打印，制作成实体照片留存。不过，很多时候图像的尺寸和分辨率并不能满足实际使用需求。此时，就需要对图像的大小和分辨率进行适当调整，以确保其能适配各种应用场景。

2.4.1　修改画布大小

画布指的是整个文档的工作区域，如图 2-34 所示。若要修改画布尺寸，可执行"图像"→"画布大小"命令，此时会弹出"画布大小"对话框，在该对话框中便能完成相关设置，如图 2-35 所示。

图2-34

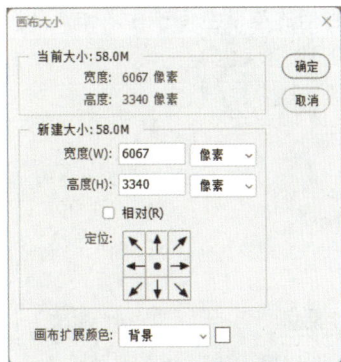

图2-35

2.4.2　旋转画布

执行"图像"→"图像旋转"命令，其子菜单中包含画布旋转相关的命令。通过执行这些命令，能够对整个图像进行旋转或翻转操作。图 2-36 为原始图像，图 2-37 则展示了执行"水平翻转画布"命令后的图像状态。

图2-36

图2-37

延伸讲解： 执行"图像"→"图像旋转"→"任意角度"命令，弹出"旋转画布"对话框，输入画布的旋转角度即可按照设定的角度和方向精确旋转画布，如图2-38所示。

图2-38

答疑解惑： "图像旋转"命令与"变换"命令有何区别？"图像旋转"命令用于旋转整个图像。如果要旋转单个图层中的图像，则需要执行"编辑"→"变换"子菜单中的命令来进行操作；如果要旋转选区，需要执行"选择"→"变换选区"命令来进行操作。

2.4.3 修改图像大小：云南大理古镇

执行"图像"→"图像大小"命令，即可对图像的像素大小、打印尺寸以及分辨率进行调整。需要注意的是，修改图像大小不仅会改变图像在屏幕上的呈现效果，还会对图像质量、打印效果以及所占用的存储空间产生影响。本例的具体效果如图 2-39 所示。

图2-39

本例制作要点

※ 执行"图像大小"命令调整图像的打印尺寸，宽度为 95 厘米，高度为 64 厘米，分辨率为 72 像素 / 英寸，可以通过这种方法修改图像的像素和分辨率。

※ 通过选中"重新采样"复选框修改图像的尺寸时，图像的像素数量会发生变化，影响画质。

※ 取消选中"重新采样"复选框时，修改图像的宽度值和高度值会影响分辨率，而像素总量不变，画质保持不变。

2.5 复制与粘贴

复制、剪切和粘贴等属于应用程序中极为常用的基础命令，主要用于实现复制与粘贴功能。和其他程序有所区别的是，Photoshop 具备针对选区内图像开展特殊复制与粘贴操作的能力，例如能够在选区内粘贴图像，或者清除选中的图像。

2.5.1 复制、合并复制与剪切

1. 复制

在 Photoshop 中打开一个文件，如图 2-40 所示。接着，在图像中创建选区，如图 2-41 所示。之后，执行"编辑"→"拷贝"命令，或者按快捷键 Ctrl+C，即可将选中的图像复制到剪贴板。此时，画面中的图像内容依旧保持不变。

图2-40

图2-41

2. 合并复制

当文档包含多个图层时，先在图像中创建选区，如图 2-42 所示。随后，执行"编辑"→"合并拷贝"命令，或者按快捷键 Shift+Ctrl+C，就能将所有可见图层中的图像复制到剪贴板。最后，按快捷键 Ctrl+V 进行粘贴操作，即可查看复制效果，如图 2-43 所示。

图2-42 图2-43

3. 剪切

执行"编辑"→"剪切"命令，可以将选中的图像从画面中剪切。将剪切的图像粘贴到另一个文档中，如图 2-44 所示。

图2-44

2.5.2 粘贴与选择性粘贴

1. 粘贴

在图像中创建选区，复制（或剪切）图像，执行"编辑"→"粘贴"命令，或按快捷键 Ctrl+V，可以将剪贴板中的图像粘贴到其他文档中，如图 2-45 所示。

图2-45

2. 选择性粘贴

复制或剪切图像后，可以执行"编辑"→"选择性粘贴"子菜单中的命令，粘贴图像。

"选择性粘贴"子菜单中常用命令说明如下。

※ 原位粘贴：此命令可将图像依照其原本的位置粘贴到图像中。

※ 贴入：若已创建选区，执行该命令能够把图像粘贴至选区内部，并且会自动添加蒙版，从而将选区之外的图像隐藏起来。

※ 外部粘贴：当创建了选区之后，执行该命令会将图像粘贴到选区范围内，同时自动添加蒙版，使选区中的图像被隐藏。

2.5.3 清除选中的图像：小动物

对选区执行"清除"命令，能够删除选区内的内容；若文档设置了背景色，该操作还会自动用背景色填充选区，具体的操作步骤如下。

01 启动Photoshop，按快捷键Ctrl+O，打开相关素材中的"小动物.jpg"文件。

02 选择"矩形选框工具"，在图像的右侧绘制矩形选框，选择小狗，如图2-46所示。

03 执行"编辑"→"清除"命令，可以将选中的图像清除，如图2-47所示。

图2-46　　　　　　　　　　　　　　　图2-47

04 在"背景"图层上创建选区，并执行"清除"命令，选区会自动填充背景色，如图2-48所示。

图2-48

2.6 恢复与还原

在编辑图像时，若操作出现失误，或者对创建的效果不满意，用户既可以撤销相关操作，也能将图

像恢复至最近一次保存时的状态。Photoshop 提供了诸多恢复操作的功能，有了这些功能作为保障，用户便可毫无顾虑地尽情创作。

2.6.1 用"历史记录"面板还原图像：手舞足蹈的饺子

"历史记录"面板会留存用户在 Photoshop 中对图像执行的每一步操作。借助该面板，用户能够回溯到之前的任意操作步骤，并基于返回后的状态继续开展后续工作。本例的具体效果如图 2-49 所示。

图2-49

本例制作要点

※ 使用"历史记录"面板记录和管理所有操作步骤，方便回溯到任何之前的状态。

※ 通过"置入嵌入对象"命令将文件嵌入并调整其大小和位置，实时记录操作。

※ 利用"历史记录"面板进行图层管理，可临时隐藏或恢复特定操作。

2.6.2 选择性恢复图像区域：超市的购物车

若想选择性地恢复图像的部分区域，可借助"历史记录画笔工具"与"历史记录艺术画笔工具"。需要特别留意的是，这两种工具必须与"历史记录"面板搭配使用，具体的操作步骤如下。

01 启动Photoshop，按快捷键Ctrl+O，打开相关素材中的"超市的购物车.jpg"文件，如图2-50所示。

02 执行"滤镜"→"模糊"→"径向模糊"命令，在弹出的"径向模糊"对话框中设置参数，如图2-51所示。

03 单击"确定"按钮，此时得到的径向模糊效果如图2-52所示。

 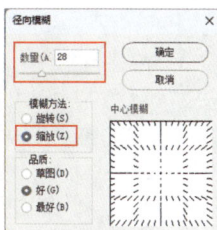 

图2-50　　　　　　　　　　图2-51　　　　　　　　　　图2-52

04 在"历史记录"面板中选择"径向模糊"记录选项，如图2-53所示。

05 在工具箱中选择"历史记录画笔工具" ，在选项栏中设置画笔"硬度"值为0%，设置"不透明度"值为50%。移动鼠标指针至图像窗口，调整画笔至合适大小，单击并拖曳鼠标，进行局部涂抹，使购物车部分恢复到原来的清晰状态，效果如图2-54所示。

06 在"历史记录"面板中显示"历史记录画笔"记录，如图2-55所示。如果选择"径向模糊"记录选项，则涂抹效果被隐藏。

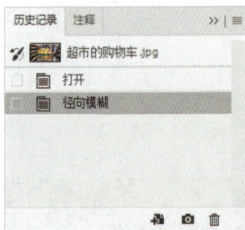

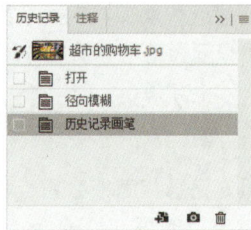

图2-53   图2-54   图2-55

2.7   图像的变换与变形操作

移动、旋转、缩放、扭曲、斜切等属于图形处理中的基础方法。其中，移动、旋转和缩放被归类为变换操作，而扭曲和斜切则被称作变形操作。

2.7.1   定界框、中心点和控制点

在"编辑"→"变换"子菜单中囊括了各类变换命令，如图 2-56 所示。当执行这些命令时，当前对象周围会呈现一个定界框。该定界框中央设有一个中心点，四周分布着控制点，如图 2-57 所示。在默认状态下，中心点位于对象的中心位置，其作用在于定义对象的变换中心。用户可通过拖曳中心点来移动其位置；而拖曳四周的控制点，则可执行相应的变换操作。

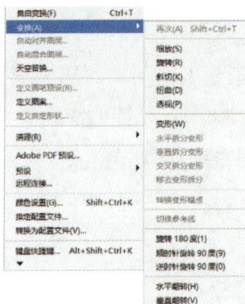

图2-56   图2-57

延伸讲解： 执行"编辑"→"变换"→"旋转180度""顺时针旋转90度""逆时针旋转90度""水平翻转"和"垂直翻转"命令时，可直接对图像进行以上变换，而不会显示定界框。

2.7.2   移动图像：趣味时钟

"移动工具" ✛ 是 Photoshop 中常用的工具之一，无论是移动图层、选区内的图像，还是将其他文档中的图像拖入当前文档中，都需要用到"移动工具"。本例效果如图 2-58 所示。

本例制作要点

※   打开"钟表"和"表情"素材，使用"移动工具"将表情图像拖入钟表文档。

※   调整表情的图层位置，确保其叠加在钟表之上。

※   通过旋转操作调整表情的角度，创建动态效果。

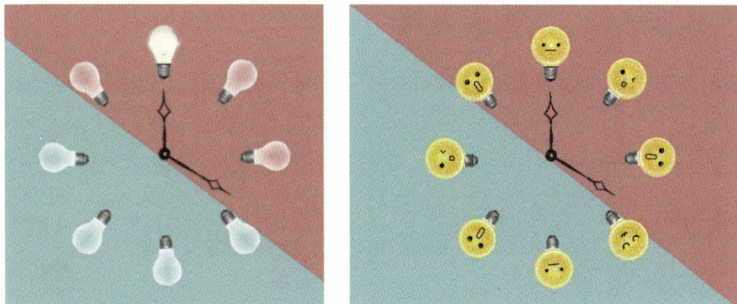

图2-58

2.7.3 移动工具选项栏

如图 2-59 所示为"移动工具"的选项栏。

图2-59

"移动工具"选项栏中常用选项说明如下。

※ 自动选择：当文档中包含多个图层或组时，可选中该复选框，并在其下拉列表中选择要移动的图层。

※ 显示变换控件：选中此复选框后，若选择一个图层，图层内容的周围将会显示界定框，如图2-60所示。此时，拖曳控制点便能够对图像进行变换操作，如图2-61所示。在文档中图层数量较多，且需要频繁进行缩放、旋转等变换操作时，该复选框尤为实用。

图2-60   图2-61

※ 对齐图层：选中两个或多个图层后，可单击相应的按钮，使所选图层实现对齐。这些按钮具备的功能包括顶对齐、垂直居中对齐、底对齐、左对齐、水平居中对齐以及右对齐。

※ 分布图层：若选择了 3 个或 3 个以上的图层，可单击相应的按钮，让所选图层依据一定规则均匀分布。分布方式涵盖按顶分布、垂直居中分布、按底分布、按左分布、水平居中分布以及按右分布。

※ 3D 模式：此模式提供了可对 3D 模型进行移动、缩放等操作的工具，具体包括旋转 3D 对象工具、滑动 3D 对象工具、缩放 3D 对象工具。

延伸讲解：当使用"移动工具"时，每按一次键盘上的→、←、↑、↓键，就能将对象移动1像素的距离；若按住 Shift 键后再按方向键，图像每次可移动10像素的距离。此外，在移动图像的同时按住Alt键，即可复制图像，并且会同时生成一个新的图层。

2.7.4　旋转与缩放操作：圣女果之舞

"旋转"命令可用于对图像执行旋转变换操作；"缩放"命令则用于对图像进行放大或缩小处理。具体的操作步骤如下。

01 启动Photoshop，按快捷键Ctrl+O，打开相关素材中的"背景.jpg"文件，如图2-62所示。

02 打开"圣女果1.png"素材，拖放至背景文档中，如图2-63所示。

图2-62　　　　　　　　　　　　　　图2-63

03 执行"编辑"→"自由变换"命令，或者按快捷键Ctrl+T显示定界框，如图2-64所示。

04 将鼠标指针放在定界框右下角的控制点处，当鼠标指针变为↰状时，单击并拖动鼠标可以旋转图像，如图2-65所示。

图2-64　　　　　　　　　　　　　　图2-65

05 将鼠标指针放在定界框右下角的控制点上，当鼠标指针变为↖状时，单击并拖动鼠标可以缩放图像，操作完成后，按Enter键确认，如图2-66所示。

图2-66

06 重复上述操作，利用"自由变换"命令旋转图像的角度，调整图像的大小，把图像放置在合适的位置，如图2-67所示。

07 为图像添加投影效果，如图2-68所示。

图2-67

图2-68

2.7.5 斜切与扭曲操作：变形香菇

"斜切"命令可使图像呈现斜切透视效果；"扭曲"命令则能对图像进行任意形式的扭曲变形处理。具体的操作步骤如下。

01 启动Photoshop，按快捷键Ctrl+O，打开相关素材中的"香菇.jpg"文件，如图2-69所示。

02 在"图层"面板中，单击操作对象所在的图层。按快捷键Ctrl+T显示界定框，将鼠标指针放在定界框底部中间位置的控制点上，按住Shift+Ctrl键，鼠标指针会变为 状，此时单击并拖动鼠标可以沿水平方向斜切图像，如图2-70所示。

图2-69

图2-70

03 按Esc键取消操作，按快捷键Ctrl+T显示界定框，将鼠标指针放在定界框右侧中间位置的控制点上，按住Shift+Ctrl键，鼠标指针会变为 状，此时单击并拖动鼠标可以沿垂直方向斜切对象，如图2-71所示。

04 按Esc键取消操作，按快捷键Ctrl+T显示定界框，将鼠标指针放在定界框右下角的控制点上，按住Ctrl键，鼠标指针会变为 状，此时单击并拖动鼠标可以扭曲图像，如图2-72所示。

图2-71

图2-72

2.7.6 透视变换操作：郁金香

"透视"命令可用于让图像呈现透视变形的效果，具体的操作步骤如下。

01 启动Photoshop，按快捷键Ctrl+O，打开相关素材中的"郁金香.jpg"文件，如图2-73所示。

02 按快捷键Ctrl+T显示定界框，在图像上右击，在弹出的快捷菜单中选择"透视"选项。

图2-73

03 将鼠标指针放在定界框四周的控制点上，鼠标指针会变为▷状，此时单击并拖动鼠标可进行透视变换，如图2-74所示。操作完成后，按Enter键确认。

图2-74

2.7.7 精确变换操作：春光明媚

在对选区图像进行变换操作时，借助工具选项栏能够高效且精准地实现图像的变换，具体的操作步骤如下。

01 启动Photoshop，按快捷键Ctrl+O，打开相关素材中的"春游.jpg"文件，如图2-75所示。

图2-75

02 执行"编辑"→"自由变换"命令，或按快捷键Ctrl+T显示定界框，工具选项栏会显示各种变换选项，如图2-76所示，在文本框内输入数值并按Enter键即可进行精确变换操作。

图2-76

03 在"设置参考点的水平位置"文本框中输入数值，可以水平移动图像，如图2-77所示；然后在"设置参考点的垂直位置"文本框中输入数值，可以垂直移动图像，如图2-78所示。单击这两个选项中间的"使用参考点相关定位"按钮△，可相对于当前参考点位置重新定位新的参考点位置。

图2-77 　　　　　　　　　　　　　　图2-78

04 将图像恢复到原始状态，且"保持长宽比"按钮 ⊕ 处于未选中状态，在"设置水平缩放"文本框内输入50%，可以水平拉伸图像，如图2-79所示；恢复到原始状态，继续在"设置垂直缩放比例"文本框内输入50%，可以垂直拉伸图像，如图2-80所示。

图2-79 　　　　　　　　　　　　　　图2-80

05 将图像恢复到原始状态，单击激活"保持长宽比"按钮 ⊕，在"设置水平缩放"文本框内输入50%，此时"设置垂直缩放比例"文本框内的数值也会变为50%，图像发生等比缩放，如图2-81所示。

06 将图像恢复到原始状态，在"旋转"文本框内输入30，可以旋转图像，如图2-82所示。

图2-81 　　　　　　　　　　　　　　图2-82

延伸讲解： 进行变换操作时，工具选项栏中会显示参考点定位符 ▦ ，其中的方块与定界框上的各个控制点一一对应。若需要将中心点调整至定界框的边界位置，只需单击相应的小方块图标即可。例如，若要将中心点移至定界框的左上角，可单击参考点定位符左上角的方块图标 ▦ 。

2.7.8 变换尺寸操作：黄色小狗

当运用 Photoshop 对图像进行修改时，若仅需对图像的某一部分做出更改，可通过创建选区的方式，对选定区域进行针对性调整。具体的操作步骤如下。

01 启动Photoshop，按快捷键Ctrl+O，打开相关素材中的"黄色小狗.jpg"文件，如图2-83所示。

02 在"图层"面板中选择"黄色小狗"图层，接着，选择"套索工具" ○，在画面中拖动绘制一个选框，选择其中的小狗，如图2-84所示。

图2-83

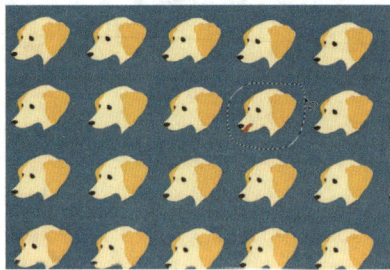

图2-84

03 按快捷键Ctrl+T显示定界框，如图2-85所示，然后拖动定界框上的控制点可以对选区内的图像进行旋转、缩放、翻转等变换操作，如图2-86所示。

图2-85

图2-86

2.8 ▶ 应用案例：制作旅游海报

本节将制作一张旅游海报，以当地景色作为背景，并添加相关的文字信息。为了让画面更加生动、有趣，可以采用绘制形状、选用不同样式的字体、添加辅助图形等方法，最终呈现的效果如图 2-87 所示。

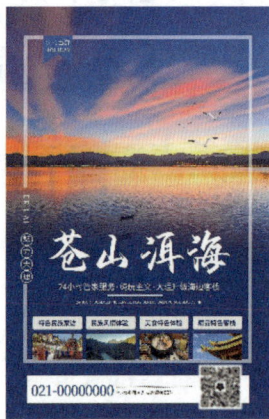

图2-87

本例制作要点

※ 启动 Photoshop，新建文档，创建一个 30cm×45cm 的文档，设置前景色为蓝色并填充背景。

※ 导入素材，应用图层蒙版虚化背景，并调整元素的位置。使用"矩形工具""圆角矩形工具"和"圆形工具"绘制形状，添加蒙版并调整不透明度。

※ 使用"横排文字工具"输入文字，调整字体、大小和颜色，并进行排版，添加二维码并完成海报的设计制作。

2.9 ▶ 课后练习：舞者海报

综合运用本章所学的重点知识，借助操控变形工具，并结合定界框的各类变换操作，制作一幅舞者海报，最终效果如图 2-88 所示。

本例制作要点

※ 使用操控变形功能调整人物姿势，灵活改变关节动作。

※ 导入多种装饰素材，合理布局，增强画面层次感。

※ 应用不透明度调整和图层样式优化视觉效果。

图2-88

2.10 ▶ 复习题：制作公益海报

本例要求综合运用所学知识，进行公益海报的绘制练习，最终效果如图 2-89 所示。

图2-89

第3章
平面构成：选区工具的使用

平面构成作为一门学科，旨在依据特定原理，将视觉元素在平面之上，通过多样化的排列方式予以编排与组合，进而创造出丰富多元的形象效果。在绘制元素时，选区工具发挥着重要作用，它能够帮助用户创建元素的轮廓、调整元素的位置，以及选定编辑范围等。本章将着重介绍选区工具的具体使用方法。

3.1 平面构成概述

平面构成主要借助点、线、面这三类基础元素，通过赋予它们各异的形状与排列方式，从而营造丰富多样的视觉效果。其构成形式涵盖重复、近似、渐变、变异、对比、集结、发射、特异、空间与矛盾空间、分割、肌理以及错视等。

3.1.1 平面构成的形象

1. 点

点堪称最基本的构成元素。巧妙运用尺寸对比与疏密对比，能够营造出充满动感的画面效果。把大小不一的点按照特定方向进行有规律的排列，可营造出一种由远及近的视觉效果，如图3-1所示。这种排列方式会让观者的视觉产生一种由点的移动而形成线面的感知。让由大到小的点沿着一定的轨迹和方向发生变化，能够产生一种优美的韵律感，如图3-2所示。将点以大小不同的形式，进行或密集或分散且有目的的排列，能够产生点的面化感觉，如图3-3所示。

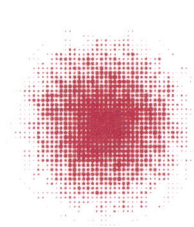

图3-1   图3-2   图3-3

2. 线

把线以等距的形式进行密集排列，能够呈现透视空间的视觉效果。将粗细均匀、间距相等的斜线进行排列，通过改变斜线的颜色，可制作出渐变效果，如图3-4所示。将规则线条进行扭曲排列，能够展现出怪异夸张的效果，营造出异度空间的感觉，且极具动感，如图3-5所示。

3. 面

几何形的面，能够呈现规则、平稳且较为理性的视觉效果，如图3-6所示。有机形的面，可形成柔和、自然且抽象的面的形态，如图3-7所示。自然形的面，当不同外形的物体以面的形式呈现时，会给人带来更为生动、厚实的视觉效果，如图 3-8 所示。

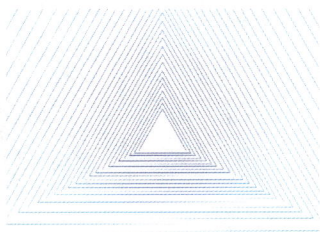

图3-4

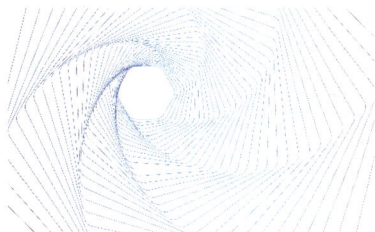

图3-5

图3-6

图3-7

图3-8

3.1.2 平面构成的形式

平面构成的形式丰富多样，诸如重复、发射、渐变、肌理、近似、空间等。以下将介绍几种常见的形式。

1. 重复

将一个基本元素在特定范围内进行重复排列，在此过程中，可改变该元素的方向、大小和位置，如此能营造出极强的形式美感，如图 3-9 所示。

2. 发射

以一点或多点为中心，让元素朝着周围发散，如此能呈现富有动感与节奏感的视觉效果，如图 3-10 所示。

图3-9

图3-10

3. 渐变

将元素依据大小、方向、虚实、色彩等关系进行渐次变化的排列，此时形式与基本形会呈现渐次变化的特性，如图 3-11 所示。

4. 肌理

凡是可以通过视觉加以分辨的物体表面纹理，均被称作"肌理"。以肌理作为构成元素所进行的设计，即为肌理构成，如图 3-12 所示。这种构成形式大多借助照相制版技术来实现，同时也可采用描绘、喷洒、熏炙、擦刮、拼贴、渍染、印拓等多种手段来制作。

图3-11

图3-12

3.2 ▶ 选区的基本操作

在 Photoshop 中，选区指的是图像上用于限定操作范围的动态（浮动）蚂蚁线。借助创建选区，用户能够对选区内的内容进行编辑操作，同时确保未选定区域的内容保持原样，不受影响。

在正式学习和运用选择工具与命令之前，我们有必要先掌握一些和选区基本编辑操作相关的命令。这些命令涵盖了创建选区前需要设置的选项，以及创建选区后可执行的简单操作，从而为后续深入学习选择方法筑牢基础。

3.2.1 全选与反选：胡萝卜

对图像进行全选与反选操作，有助于在开展操作前精准划定编辑范围，具体的操作步骤如下。

01 按快捷键Ctrl+O，打开相关素材中的"胡萝卜.jpg"文件，如图3-13所示。

02 执行"选择"→"全部"命令，或按快捷键Ctrl+A，即可选择当前文档边界内的全部图像，如图3-14所示。使用任何选择工具创建的选区效果如图3-15所示。

03 执行"选择"→"反向"命令，或按快捷键Ctrl + Shift + I，可以反选当前的选区（即取消当前选择的区域，选择未选取的区域），如图3-16所示。

图3-13

图3-14

图3-15

图3-16

延伸讲解： 执行"选择"→"全部"命令后按快捷键Ctrl+C，便能复制整个图像。倘若文档中包含多个图层，此时按快捷键Ctrl+Shift+C，即可实现合并复制。

3.2.2 取消选择与重新选择：火锅

Photoshop 具备自动保存上一次选择范围的功能。即便取消了选区，依然能够重新显示出上一次所选择的范围，具体的操作步骤如下。

01 按快捷键Ctrl+O，打开相关素材中的"火锅.jpg"文件。

02 创建如图3-17所示的选区，执行"选择"→"取消选择"命令，或按快捷键Ctrl + D，可取消所有已经创建的选区，如图3-18所示。

03 执行"选择"→"重新选择"命令，或者按快捷键Ctrl + Shift + D，即可重新选择，如图3-19所示。

图3-17 　　　　　　　 图3-18 　　　　　　　 图3-19

> **延伸讲解：** 如果当前选择的是选择工具（如"选框工具""套索工具"），在选项栏中单击"新选区"按钮▣，鼠标指针显示为 状态时，将鼠标指针放置在选区内并单击，也可以取消当前的选区。

3.2.3　选区运算

在图像编辑过程中，有时需要同时选中多块不相邻的区域，或者对当前选区进行增加或减少操作。在选区工具的选项栏中能看到如图 3-20 所示的按钮，利用这些按钮，便可执行选区运算。

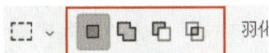

图3-20

3.2.4　移动选区

移动选区操作可以改变选区的位置。使用选区工具在图像中绘制了一个选区后，将鼠标指针放置在选区范围内，此时鼠标指针会显示为 状，单击并进行拖动，即可移动选区，如图 3-21 所示。在拖动过程中，鼠标指针会显示为黑色三角形状。

图3-21

若仅需小范围地移动选区，或者对选区移动的精准度有较高要求，可利用键盘上的←、→、↑、↓这 4 个方向键来移动选区，每按一次方向键，选区便会移动 1 像素。若按 Shift 键＋方向键，则选区可一次移动 10 像素的距离。

3.2.5　隐藏与显示选区

创建选区之后，执行"视图"→"显示"→"选区边缘"命令，或者按快捷键 Ctrl+H，即可将选区隐藏起来。若使用画笔绘制选区边缘的轮廓，又或者对选中的图像应用滤镜效果，在隐藏选区之后，便能更加清晰地观察到选区边缘图像的变化状况。

延伸讲解：隐藏选区之后，选区虽不再可见，但它实际上依然存在，并且持续限定着操作的有效区域。若需要重新显示选区，只需按快捷键Ctrl+H即可。

3.3 ▶ 基本选择工具

在 Photoshop 中，基本选择工具涵盖选框类工具和套索类工具。选框类工具包含"矩形选框工具" □、"椭圆选框工具" ○、"单行选框工具" ═、"单列选框工具" ┇，它们主要用于创建规则形状的选区。套索类工具则包括"套索工具" ◯、"多边形套索工具" ⬡、"磁性套索工具" ⧉，此类工具常用于创建不规则形状的选区。

3.3.1 矩形选框工具：制作网络 PPT 效果

使用"矩形选框工具" □，在图像窗口中单击并拖动鼠标，即可创建矩形选区。本例的具体效果如图 3-22 所示，具体的操作步骤如下。

本例制作要点

※ 使用"矩形选框工具"绘制矩形选区，并填充颜色来创建背景色块。

※ 为矩形添加描边效果，复制矩形创建多个副本，并排列整齐。

※ 利用"自由变换"命令实现矩形的透视效果，使其产生深度感。

图3-22

3.3.2 椭圆选框工具：垃圾分类标识

"椭圆选框工具" ○能够用于创建圆形或者椭圆形选区。下面将借助"椭圆选框工具" ○制作一款简约风格的海报，具体的操作步骤如下。

01 启动Photoshop，按快捷键Ctrl+O，打开相关素材中的"垃圾分类.jpg"文件，如图3-23所示。

02 选择"椭圆选框工具" ○，按住Shift键在画面中单击并拖动鼠标，创建圆形选区，如图3-24所示。

图3-23

图3-24

Photoshop 2025从新手到高手

03 新建一个图层。执行"编辑"→"描边"命令，弹出"描边"对话框，设置参数如图3-25所示。

04 单击"确定"按钮，关闭对话框，沿着圆形选区创建描边效果，如图3-26所示。

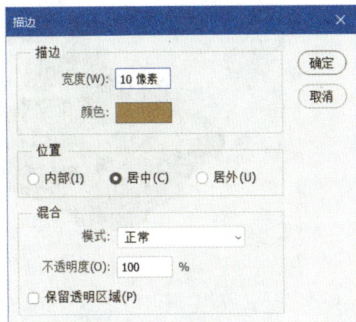

图3-25

图3-26

05 选择圆形所在的图层，按快捷键Ctrl+J复制图层。按快捷键Ctrl+T进入自由变换模式，按住Alt键，以圆心为中心放大圆形。重复操作，图形的绘制结果如图3-27所示。

图3-27

3.3.3　单行和单列选框工具：北欧风格桌布

"单行选框工具" ▭ 和"单列选框工具" ▯ 可用于创建高度或宽度仅为1像素的选区，在选区内填充颜色，即可得到水平或垂直的直线。下面将结合网格，巧妙运用"单行选框工具" ▭ 和"单列选框工具" ▯ 来制作格子布效果，具体效果如图3-28所示。

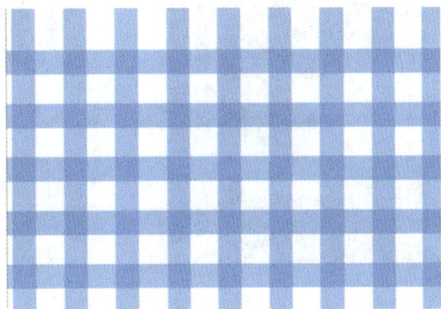

图3-28

本例制作要点

※　使用网格工具创建精准的选区，并设置网格间隔和子网格。

※　通过选区工具绘制多个水平和垂直条纹，并填充颜色。

※　利用不透明度调整、隐藏网格等操作，完成格子布效果的制作。

3.3.4　套索工具：低碳减排，绿色生活

使用"套索工具" ⟲ ，能够创建出任意形状的选区。它的使用方法与"画笔工具"颇为相似，需要

使用者徒手进行绘制。本例的具体效果如图 3-29 所示。

本例制作要点

※ 使用"套索工具" 进行素材的提取与合成，将草地图像与泥土图像相结合。

※ 添加树木、动物等素材丰富画面，完善场景构成。

※ 绘制背景，加入云朵与文字，最终调整整体效果，完成场景合成。

图3-29

3.3.5 多边形套索工具：皓月当空

"多边形套索工具" 可用于创建诸如三角形、四边形、梯形以及五角星等形状的多边形选区。下面将运用"多边形套索工具" 建立选区，并进行更换背景的操作，具体的操作步骤如下。

01 启动Photoshop，按快捷键Ctrl+O，打开相关素材中的"窗户.jpg"文件，如图3-30所示。

02 选择"多边形套索工具" ，在工具选项栏单击"添加到选区"按钮 ，在左侧窗口内的一个边角上单击，然后沿着它边缘的转折处继续单击，自定义选区范围。将鼠标指针移到起点处，待指针变为 状态时，再次单击即可封闭选区，如图3-31所示。

03 采用同样的方法，继续使用"多边形套索工具" 将中间窗口和右侧窗口内的图像选中，如图3-32所示。

图3-30

图3-31

图3-32

延伸讲解： 在创建选区的过程中，若按住Shift键进行操作，便能锁定水平方向、垂直方向，或者以 45° 为增量来绘制选区。倘若进行双击操作，系统会在双击点与选区起点之间连接一条直线，以此闭合选区。

04 双击"图层"面板中的"背景"图层，将其转化成可编辑图层，然后按Delete键，将选区内的图像删除，如图3-33所示。

05 将配套资源中的"夜色.jpg"文件拖入文档，如图3-34所示。

06 调整图像至合适大小，并放置在"窗户"图层下方，得到的最终效果如图3-35所示。

图3-33

图3-34

图3-35

> **延伸讲解：** 使用"多边形套索工具" ⊌时，在画面中按住鼠标左键，然后按住Alt键并拖动鼠标，可切换至
> "套索工具" ♀，此时拖动鼠标可徒手绘制选区。释放Alt键可恢复为"多边形套索工具" ⊌。

3.3.6　磁性套索工具：一碗汤圆

　　"磁性套索工具" ⊌具备自动识别边缘清晰图像的能力，相较于"多边形套索工具" ⊌，它显得更
为智能。不过，此工具仅适用于选取边缘较为清晰的对象；若对象与背景的区分不够明显，操作起来就
会比较麻烦。具体的操作步骤如下。

01 启动Photoshop，按快捷键Ctrl+O，打开相关素材中的"一碗汤圆.jpg"文件，如图3-36所示。

02 选择"磁性套索工具" ⊌，单击指定起点，沿着对象的边缘移动鼠标指针，此时系统自动创建磁性
　　套索，如图3-37所示。闭合后自动创建选区，如图3-38所示。

图3-36

图3-37

图3-38

　　若想在特定位置添加一个锚点，只需在该位置单击即可；倘若锚点的位置不够准确，可按 Delete
键将其删除；连续按 Delete 键，能够依次删除之前添加的锚点；而按 Esc 键，则可清除当前的所有选区。

> **延伸讲解：** 当使用"磁性套索工具" ⊌绘制选区时，若按住 Alt 键并在其他区域单击，便可切换至"多边形
> 套索工具" ⊌来创建直线选区；若按住 Alt 键单击并拖动鼠标，则能切换回"套索工具" ♀。

3.4　魔棒与快速选择工具

　　"魔棒工具" ⚲与"快速选择工具" ⚲均是基于色调和颜色差异来构建选区的工具。其中，"魔棒
工具" ⚲可通过单击的方式创建选区，而"快速选择工具" ⚲则需要像绘画一样进行涂抹操作来创建选
区。借助这类工具，能够快速选择色彩变化较小、色调相近的区域。

3.4.1 魔棒工具：男人背影

使用"魔棒工具" 🪄 在图像上单击，即可选中与单击点色调相近的像素。当背景颜色较为单一、变化不大，且需要选取的对象轮廓清晰，与背景色之间存在明显差异时，运用该工具便能快速选中目标对象。具体的操作步骤如下。

01 启动Photoshop，按快捷键Ctrl+O，打开相关素材中的"男人.jpg"文件，如图3-39所示。

02 在"图层"面板中双击"背景"图层，将其转换为可编辑图层，如图3-40所示。

03 选择"魔棒工具" 🪄，在工具选项栏中设置"容差"值为30，然后在背景处单击，将背景载入选区，如图3-41所示。

图3-39   图3-40   图3-41

> **延伸讲解：** 容差值用于确定颜色取样的范围。容差值越大，所选取的像素范围就越广；容差值越小，所选取的像素范围则越窄。

04 按Delete键删除选区内图像，如图3-42所示，接着按快捷键Ctrl+D取消选区。

05 按快捷键Ctrl+O，打开相关素材中的"压力.jpg"文件，如图3-43所示。

06 将"男人.jpg"文档中的素材拖入"压力.jpg"文档，调整"表情"素材的大小及位置，并为其添加投影效果，最终效果如图3-44所示。

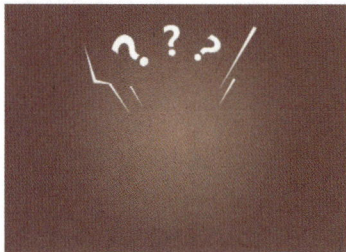

图3-42   图3-43   图3-44

3.4.2 快速选择工具：金融城市

"快速选择工具" 🖌 的使用方法与"画笔工具"颇为相似。此工具可借助可调整的圆形画笔笔尖，快速"绘制"出选区，就如同绘画一般创建选区。当拖动鼠标指针时，选区会不断向外扩展，并且能够自动查找并贴合图像中已定义的边缘。具体的操作步骤如下。

01 启动Photoshop，按快捷键Ctrl+O，打开相关素材中的"金融符号.jpg"文件，如图3-45所示。

02 在"图层"面板中双击"背景"图层，将其转换为可编辑图层。接着选择"快速选择工具" 🖌，在工具选项栏中设置合适的笔尖大小。

03 在要选取的对象上单击并沿着对象轮廓拖动鼠标，创建选区，如图3-46所示。

图3-45　　　　　　　　　　　　　　　图3-46

04 按快捷键Shift+Ctrl+I反选，按Delete键删除背景，如图3-47所示。

05 按快捷键Ctrl+O，打开相关素材中的"城市背景.psd"文件，将"金融符号.jpg"文档中选取的对象拖入"城市背景.psd"文档，并调整素材的大小及位置，效果如图3-48所示。

图3-47　　　　　　　　　　　　　　　图3-48

3.4.3　对象选择工具：合作共赢

"对象选择工具" ▣ 是一款极为智能的对象选取工具，其使用方法简便易行。只需在想要选择的对象上单击，即可自动选中该对象并创建相应的选区，具体的操作步骤如下。

01 启动Photoshop，按快捷键Ctrl+O，打开相关素材中的"商务握手.jpg"文件，如图3-49所示。

02 选择"对象选择工具" ▣，将鼠标指针放置在对象之上，预览选择效果，如图3-50所示。

图3-49　　　　　　　　　　　　　　　图3-50

03 在对象上单击，系统自动识别对象轮廓并创建选区，再按住Shift键的同时为右边的手创建选区，如图3-51所示。

04 按快捷键Shift+Ctrl+I反选，按Delete键删除背景，如图3-52所示。

图3-51

图3-52

05 按快捷键Ctrl+O，打开相关素材中的"商业.jpg"文件，将"商务握手.jpg"文档中选取的对象拖入"商业.jpg"文档，并调整素材的大小及位置，得到的最终效果如图3-53所示。

图3-53

3.5 其他选择工具

"色彩范围"命令能够依据图像的颜色范围来创建选区，其原理与"魔棒工具"类似，不过该命令所生成的选择结果更为精确。

快速蒙版属于一种选区转换工具，它可以将选区转变为临时的蒙版图像。借助将蒙版重新转换为选区这一操作，便能实现对选区的编辑。

3.5.1 用色彩范围命令抠图：冰鲜西瓜汁

"色彩范围"命令支持在预览选择区域的同时，对相关参数进行动态调整。本例所呈现的效果如图 3-54 所示。

本例制作要点

※ 执行"置入嵌入对象"命令将素材添加至文档中。

※ 执行"色彩范围"命令选择并去除背景色，提取需要的图像部分。

※ 利用复制图层操作，将提取的图像保留并隐藏原始图层。

图3-54

3.5.2 用快速蒙版编辑选区：欧洲意大利建筑

通常情况下，使用"快速蒙版"模式是从已有的选区入手，在此基础上添加或减去选区，进而构建蒙版。创建好的快速蒙版能够借助绘图工具以及滤镜来进行调整，从而创建出复杂的选区。本例所呈现的效果如图 3-55 所示。

图3-55

本例制作要点

※ 执行"置入嵌入对象"命令，将多个素材添加至文档。

※ 通过"快速选择工具"和"快速蒙版"模式提取所需对象，并删除不需要的部分。

※ 最终合成城市和天空素材，得到背景替换效果。

3.6 细化选区

在图像处理过程中，当画面中存在毛发等细微元素时，精确创建选区往往颇具难度。针对此类包含毛发等精细细节的情况，可先运用"魔棒工具" ╱、"快速选择工具" ╱ 或者"色彩范围"命令等，初步勾勒出一个大致的选区范围，随后借助"选择并遮住"命令对该选区进行精细化处理，进而精准选中目标对象。

3.6.1 选择视图模式

创建选区后，执行"选择"→"选择并遮住"命令，或按快捷键 Alt+Ctrl+R，即可切换到"属性"面板，单击"视图"选项右侧的三角形按钮，在打开的下拉列表中选择一种视图模式，如图 3-56 所示。

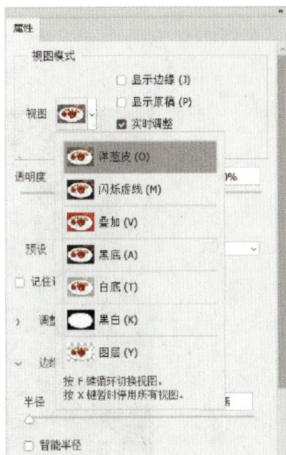

图3-56

3.6.2 调整选区边缘

在"属性"面板中，"调整边缘"选项组可用于对选区进行平滑、羽化、扩展等操作。首先创建一个矩形选区，接着在"属性"面板中，将模式设置为"图层"模式，并设置"半径"值。此时，在左侧的窗口中能够预览到调整后的效果，如图 3-57 所示。

3.6.3　指定输出方式

"属性"面板中的"输出设置"选项组用于消除选区边缘的杂色、设定选区的输出方式，如图 3-58 所示。

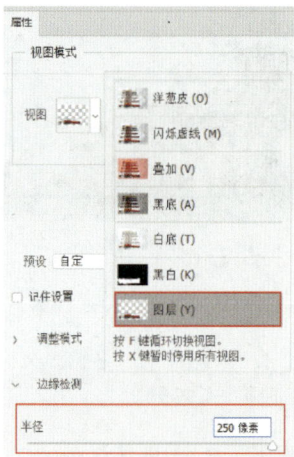
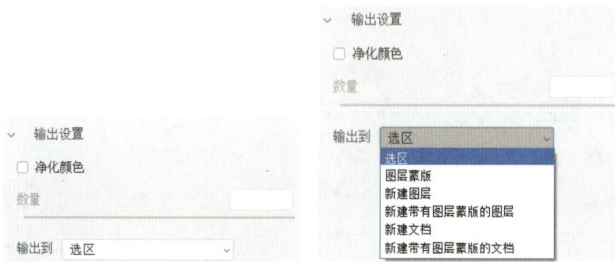

图3-57　　　　　　　　　　　　　　　　　　图3-58

3.6.4　用细化工具抠取毛发：猫咪来了

"属性"面板中包含两个选区细化工具和"边缘检测"选项，通过这些工具可以轻松抠取毛发，本小节案例效果如图 3-59 所示。

图3-59

本例制作要点

※　使用"置入嵌入对象"命令将猫咪素材添加至儿童房间背景中。

※　通过"快速选择工具"精确选择猫咪轮廓，并使用黑白视图模式细化毛发。

※　创建图层蒙版将猫咪从背景中抠出，并绘制阴影提升立体感。

3.7 编辑选区

创建选区之后，通常需要对选区进行编辑与处理，才能让选区满足实际需求。选区的编辑操作涵盖平滑选区、扩展选区、收缩选区以及对选区进行羽化等。在创建选区后，可以执行"选择"→"修改"子菜单中关于编辑选区的命令。

3.7.1 边界选区：发光灯泡

边界选区是以现有选区的边界为基准，向内部或外部扩展的，从而生成一个具有特定像素宽度的环带状选区轮廓。本例所呈现的效果如图3-60所示。

图3-60

本例制作要点

※ 使用选区工具选择灯泡区域。

※ 执行"边界选区"命令创建选区边界效果。

※ 新建图层填充颜色并应用"滤色"模式，调整不透明度，使用"橡皮擦工具"处理多余部分。

3.7.2 平滑选区

平滑选区功能能够让选区的边缘变得更加连贯、柔和。当执行"平滑"命令时，会弹出如图3-61所示的"平滑选区"对话框。在该对话框的"取样半径"文本框中，输入用于平滑处理的数值，然后单击"确定"按钮即可。图3-62展示了创建的原始选区，图3-63则呈现了经过平滑处理后的选区效果。

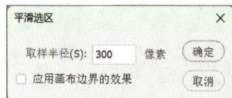

图3-61　　　　　　　图3-62　　　　　　　图3-63

3.7.3 扩展选区：发财小蛇

"扩展"命令可以在原选区的基础上向外扩展选区，具体的操作步骤如下。

01 启动Photoshop，按快捷键Ctrl+O，打开相关素材中的"发财小蛇.jpg"文件，如图3-64所示。

02 使用任何选区工具创建如图3-65所示的选区。

图3-64　　　　　　　　　　　　　　　　　图3-65

03 执行"选择"→"修改"→"扩展"命令，弹出"扩展选区"对话框，设置"扩展量"参数，单击"确定"按钮，选区向外扩展50像素，如图3-66所示。

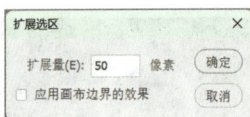

图3-66

3.7.4　收缩选区：好运"番"倍

进行收缩选区操作后，选区会按照指定的数值范围向内收缩，具体的操作步骤如下。

01 启动Photoshop，按快捷键Ctrl+O，打开相关素材中的"好运番倍.jpg"文件，如图3-67所示。

02 使用任何选区工具创建选区，如图3-68所示。

图3-67　　　　　　　　　　　　　　　　　图3-68

03 执行"选择"→"修改"→"收缩"命令，在"收缩选区"对话框中设置"收缩量"值，定义选区的收缩范围，完成后单击"确定"按钮，如图3-69所示。

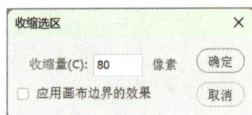

图3-69

3.7.5 通过"羽化选区"合成图像：空中遨游

羽化选区能够让选区的边缘呈现柔和效果，进而实现选区内图像与选区外图像的自然过渡。本例所呈现的效果如图3-70所示。

本例制作要点

※ 使用"套索工具"创建热气球选区，并应用羽化效果平滑边缘。

※ 执行"反选"命令并删除背景，从而抠出热气球图像。

※ 将抠出的热气球图像拖入新背景中并进行调整、润色。

图3-70

3.7.6 扩大选取与选取相似：夏日绿叶

执行"扩大选取"或"选取相似"命令后，能够进一步选取与原选区相邻且颜色相近的区域，具体的操作步骤如下。

01 启动Photoshop，按快捷键Ctrl+O，打开相关素材中的"夏日绿叶.jpg"文件，如图3-71所示。

02 选择"套索工具"，在图像上创建选区，如图3-72所示。

图3-71

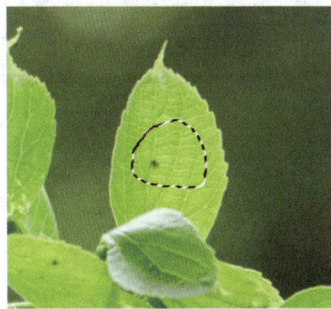

图3-72

03 执行"选择"→"扩大选取"命令，在原有选区的基础上往外扩展选区范围，如图3-73所示。

04 执行"选择"→"选取相似"命令，将整个图像颜色相似的区域（无论是否与原选区邻近）全部选中，如图3-74所示。

图3-73

图3-74

3.7.7 隐藏选区边缘

当对选区内的图像执行填充、描边或应用滤镜等操作后，若想查看实际处理效果，却觉得选区边界持续闪烁的"蚂蚁线"会对效果观察造成干扰时，可通过执行"视图"→"显示"→"选区边缘"命令，隐藏选区边缘，同时保留当前选区。

3.7.8 对选区应用变换：月亮山

创建选区后，执行"变换选区"命令，能够对选区实施旋转、缩放等变换操作，且选区内的图像内容不会发生改变，具体的操作步骤如下。

01 启动Photoshop，按快捷键Ctrl+O，打开相关素材中的"月亮山.jpg"文件，如图3-75所示。

02 使用任何选区工具选择中间的月亮，如图3-76所示。

图3-75　　　　　　　　　　　　　　图3-76

03 执行"编辑"→"自由变换"命令，或者按快捷键Ctrl+T，在选区周围显示定界框。将鼠标指针置于定界框的角点处按住并拖曳，可以放大或缩小选区内的图像，如图3-77所示。

04 按Enter键确认操作，按快捷键Ctrl+D取消选区，如图3-78所示。

图3-77　　　　　　　　　　　　　　图3-78

3.7.9 存储选区

创建选区之后，单击"通道"面板底部的"将选区存储为通道"按钮，即可将选区保存到Alpha通道中，如图 3-79 所示。此外，执行"选择"→"存储选区"命令同样能够保存选区。执行此命令时，会弹出"存储选区"对话框，如图 3-80 所示。

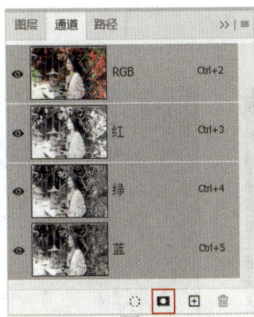
图3-79

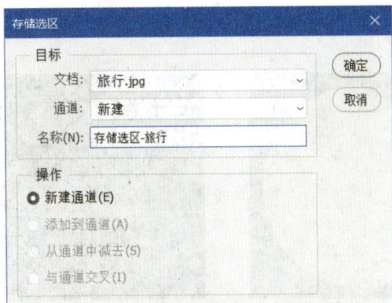
图3-80

3.7.10　载入选区

当选区被存储为通道后，下次需要使用时，只需打开相应图像，按住 Ctrl 键单击已存储的通道，即可将选区载入图像中，如图 3-81 所示。此外，通过执行"选择"→"载入选区"命令，同样能够载入选区。执行该命令时，会弹出"载入选区"对话框，如图 3-82 所示。

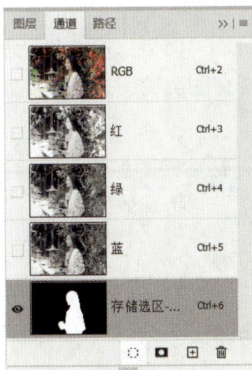
图3-81

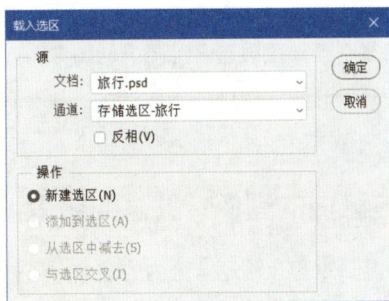
图3-82

3.8　应用选区

选区是图像编辑的重要基石，本节将深入且详尽地阐述选区在图像编辑过程中的具体应用场景与方法。

3.8.1　复制、剪切和粘贴图像：黄色美瞳

通过对图像执行复制、剪切和粘贴操作，能够便捷地实现图像的合并，从而呈现别具一格的视觉效果，具体的操作步骤如下。

01 启动Photoshop，按快捷键Ctrl+O，打开相关素材中的"黄色圆形.jpg"和"眼睛.jpg"文件。

02 选择黄色圆形图像，执行"编辑"→"拷贝"命令，或者按快捷键Ctrl＋C，可将选区内的黄色圆形图像复制到剪贴板中，如图3-83所示。

03 执行"编辑"→"剪切"命令，或者按快捷键Ctrl+X，可将选区内的黄色圆形图像复制到剪贴板中，如图3-84所示。

04 在"眼睛.jpg"文档窗口中执行"编辑"→"粘贴"命令，或者按快捷键Ctrl+V，即可得到剪贴板中的图像，如图3-85所示。

图3-83　　　　　　　　　　图3-84　　　　　　　　　　图3-85

延伸讲解： "剪切"和"复制"命令均能将选区内的图像复制到剪贴板，不过执行"剪切"命令后，该图像区域会从原始图像中移除。在Photoshop中，默认情况下，当粘贴剪贴板中的图像时，系统会自动新建一个图层来承载所复制的图像。

3.8.2　合并复制和贴入

"合并拷贝"与"贴入"命令虽同样用于图像复制操作，但它们和"拷贝"与"粘贴"命令存在明显差异。"合并拷贝"命令能够在不改变原图像的前提下，把选区范围内所有图层的图像一并复制，并放入剪贴板；而"拷贝"命令仅复制当前图层选区范围内的图像。

使用"贴入"命令时，需要预先创建选区。执行该命令后，粘贴的图像仅会出现在选区范围内，超出选区范围部分的图像会自动隐藏。借助"贴入"命令，可制作一些特殊效果。

3.8.3　移动选区内的图像：哭泣的鸡蛋

使用"移动工具" ✛ 可以移动选区内的图像，具体的操作步骤如下。

01 启动Photoshop，按快捷键Ctrl+O，打开相关素材中的"哭泣的鸡蛋.png"与"背景.jpg"文件，如图3-86所示。

图3-86

02 在"哭泣的鸡蛋.png"文件中，使用任何选区工具创建选区选择鸡蛋；选择"移动工具" ✛，将选中的鸡蛋拖曳至"背景.jpg"文档中，如图3-87所示。

03 调整鸡蛋的尺寸，最终结果如图3-88所示。

图3-87

图3-88

3.8.4 自由变换选区：草原上丝巾飘扬

创建选区完成后，可以执行"变换"命令对选区内的图像执行缩放、斜切、透视等变换操作。本例的具体效果如图 3-89 所示。

图3-89

本例制作要点

※ 使用"钢笔工具"沿裙子边缘绘制路径并转换为选区。

※ 复制选区中的图像并进行自由变换操作。

※ 使用"变形工具"调整图像形状，最后用"仿制图章工具"去除多余部分。

3.9▶ 应用案例：制作优惠券

本节将介绍优惠券的绘制方法，在绘制过程中，会阐述如何运用选区绘制背景以及相关元素，最终效果如图 3-90 所示。

图3-90

本例制作要点

※ 启动 Photoshop，创建空白文档，并绘制矩形和圆形选区，进行挖空操作，分别为矩形和圆形选区填充红色和白色，创建新图层并进行颜色填充。

※ 添加图像素材，打开并导入"火锅"素材并放置在文档左侧，通过图层蒙版隐藏选区外的部分。

※ 绘制形状并填充颜色，使用"椭圆选框工具"和"矩形选框工具"继续绘制圆形和矩形选区，填充不同颜色，并调整形状位置。

※ 使用"横排文字工具"添加说明文字，最终完成优惠券的正面和背面的绘制。

3.10 课后练习：制作炫彩生日贺卡

综合运用本章所学知识，借助选区的扩展以及填色操作，制作一款炫彩风格的生日贺卡，最终效果如图 3-91 所示。

本例制作要点

※ 打开蛋糕图像素材，删除白色背景，并将图层转换为可编辑图层。

※ 执行"扩展选区"命令，逐步扩展选区并填充不同的颜色，直到背景完全铺满。

※ 添加文字素材，最终呈现完整的设计效果。

图3-91

3.11 复习题

结合本章所学知识，运用"椭圆选框工具""多边形套索工具"，并搭配其他编辑命令，绘制出如图 3-92 所示的 LOGO。

TAKEN FIGURE NET

HAPPY LIVE

图3-92

第4章
版式设计：创建与编辑图层

图层作为 Photoshop 的核心功能之一，为图像编辑操作带来了极大的便利。借助图层以及图层样式，便能轻松达成更好的设计效果。

4.1 版式设计概述

版式设计指的是设计人员依据设计主题和视觉需求，在预先规划好的有限版面空间内，运用各类造型要素与形式原则，围绕特定主题和内容的要求，对文字、图片（图形）以及色彩等视觉传达信息要素，开展有组织、有目的的组合与排列的设计活动及过程。

4.1.1 版式设计的适用范围

版式设计的应用范围广泛，涵盖报纸、刊物、书籍（画册）、产品样本、挂历、展架、海报、易拉宝、招贴画、唱片封套以及网页页面等平面设计领域的各个方面，如图 4-1 所示。

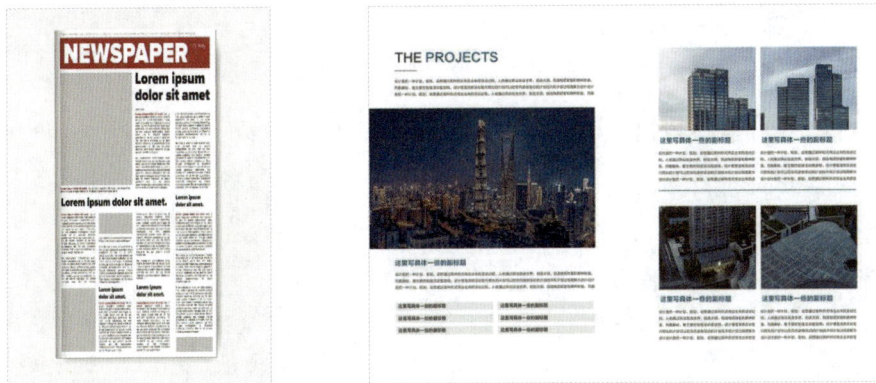

图4-1

4.1.2 版式设计的步骤

1. 明确主题：确定需要传达的核心信息。
2. 素材筹备：收集、整理并创作用于表达信息的素材，例如文字、图形等。文字是传达信息最为直接且有效的方式，应做到简洁明了、精准贴切。同时，依据具体需求确定视觉元素的数量以及色彩方案，如采用黑白风格或彩色风格。
3. 布局规划：确定版面中视觉元素的布局方式。
4. 软件制作：运用图形图像处理软件（如Photoshop、Illustrator、CorelDRAW）开展制作工作。

4.2 创建图层

在"图层"面板中，有多种方式可用来创建图层。并且，在编辑图像时同样能够创建新图层，例如，当从其他图像中复制图层并进行粘贴操作时，系统会自动新建一个图层。接下来，将学习具体的创建图层的方法。

4.2.1 在图层面板中创建图层

单击"图层"面板中的"创建新图层"按钮 ⊡，即可在当前图层上方新建图层，新建的图层会自动成为当前图层，如图 4-2 所示。按住 Ctrl 键的同时，单击"创建新图层"按钮 ⊡，可在当前图层的下方新建图层，如图 4-3 所示。

图4-2　　　　　　　　　　　　　　图4-3

延伸讲解： 在"背景"图层下方不能放置图层。

4.2.2 使用"通过拷贝的图层"命令：橙色小喇叭

执行"通过拷贝的图层"命令，可以快速复制图层，具体的操作步骤如下。

01 启动Photoshop，按快捷键Ctrl+O，打开相关素材中的"橙色小喇叭.jpg"文件。

02 使用"对象选择工具"▣，在图像上创建选区，如图4-4所示。

03 执行"图层"→"新建"→"通过拷贝的图层"命令，或者按快捷键Ctrl+J，可以将选区中的图像复制到一个新的图层中，原图层保持不变，如图4-5所示。如果没有创建选区，执行该命令后可以快速复制当前图层，如图4-6所示。

图4-4　　　　　　　　　　图4-5　　　　　　　　　图4-6

4.2.3 使用"通过剪切的图层"命令：小宝贝

创建选区后，执行"通过剪切的图层"命令，可以剪切选区中的图像，具体的操作步骤如下。

01 启动Photoshop，按快捷键Ctrl+O，打开相关素材中的"小宝贝.jpg"文件。

02 在"上下文任务栏"中单击"选择主体"按钮，创建选区如图4-7所示。

03 执行"图层"→"新建"→"通过剪切的图层"命令，或者按快捷键Shift+Ctrl+J，可将选区内的图像从原图层中剪切到新的图层（即图层1）中，如图4-8所示为关闭图层1后"背景"图层的效果。

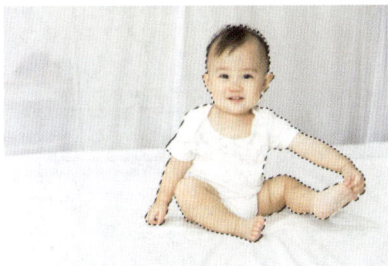
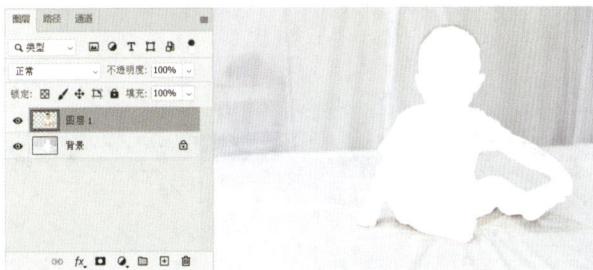

图4-7 · 图4-8

4.2.4 创建背景图层

在新建文档的过程中，若选择白色、黑色或者当前设置的背景色作为背景内容，那么在"图层"面板中底部的图层就会是"背景"图层，如图4-9所示。而当把"背景内容"设定为"透明"时，则不会出现"背景"图层。

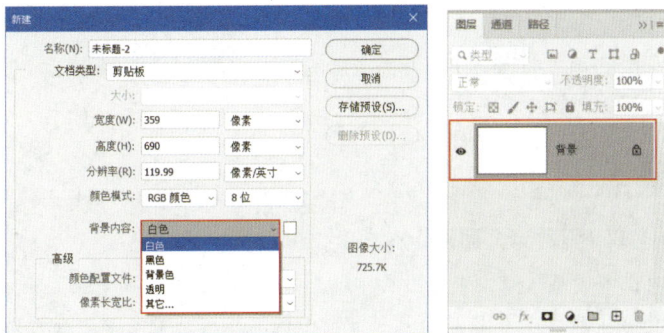

图4-9

文档中没有"背景"图层时，选择一个图层，如图4-10所示，执行"图层"→"新建"→"背景图层"命令，如图4-11所示，可以将其转换为"背景"图层，如图4-12所示。

图4-10 · 图4-11 · 图4-12

4.2.5　将背景图层转换为普通图层

"背景"图层是一种较为特殊的图层，它始终位于"图层"面板的底层，其堆叠顺序无法调整。同时，该图层不能设置不透明度、混合模式，也不支持添加各类效果。若要对"背景"图层执行这些操作，必须先将其转换为普通图层。具体操作方法为：双击"背景"图层，如图4-13所示。此时会弹出"新建图层"对话框，在该对话框中可输入图层名称（也可以使用默认名称），输入完成后单击"确定"按钮，即可将"背景"图层转换为普通图层，如图4-14所示。

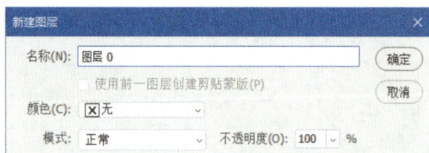

图4-13　　　　　　　　　　　　　　　　　　　　　　　　　　　图4-14

在 Photoshop 中，"背景"图层可以用绘画工具、滤镜等进行编辑。一个 Photoshop 文档中可以没有"背景"图层，但最多只能存在一个"背景"图层。按住 Alt 键双击"背景"图层，或者直接单击"背景"图层右侧的锁按钮🔒，可以不必打开"新建图层"对话框而直接将其转换为普通图层。

4.3　编辑图层

本节将详细阐述图层的基本编辑方法，涵盖图层的选择、复制、链接操作，以及图层名称和颜色的修改，还有图层的显示与隐藏等。

4.3.1　选择图层

在 Photoshop 中有以下几种选择图层的方法。

※　选择一个图层：单击"图层"面板中的图层即可选择相应的图层，所选图层会成为当前图层。

※　选择多个图层：若要选择多个相邻的图层，可以在第一个图层上单击，然后按住 Shift 键在最后一个图层上单击，如图4-15所示；如果要选择多个不相邻的图层，可按住Ctrl键单击这些图层，如图4-16所示。

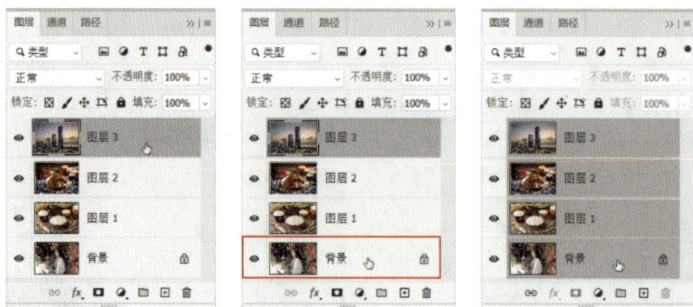

图4-15

图4-16

※ 选择所有图层：执行"选择"→"所有图层"
命令，可以选择"图层"面板中的所有图层，
"背景"图层除外，如图 4-17 所示。

※ 选择链接的图层：选择一个链接的图层，执
行"图层"→"选择链接图层"命令，可以
选择与之链接的所有图层。

※ 取消选择图层：如果不想选择任何图层，可
以在"图层"面板的空白处单击，如图 4-18
所示，或者执行"选择"→"取消选择图层"
命令取消选择。

图4-17　　　　　图4-18

4.3.2　复制图层

借助复制图层操作，能够实现对图层中图像
的复制。在 Photoshop 中，既可以在同一图像文
件内复制图层，也能在两个不同的图像文件之间
完成图层的复制。

1.　在面板中复制图层

在"图层"面板中，将需要复制的图层拖曳
到"创建新图层"按钮 ⊞ 上，即可复制该图层，
如图 4-19 所示。按快捷键 Ctrl+J 可复制当前图层。

图4-19

2.　通过命令复制图层

选择一个图层，执行"图层"→"复制图层"命令，弹出"复制图层"对话框，输入图层名称并设
置其他选项，单击"确定"按钮，可以复制该图层，如图 4-20 和图 4-21 所示。

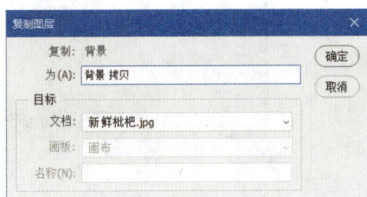

图4-20

图4-21

4.3.3 链接图层

若需要同时对多个图层中的图像进行处理，例如同时移动图像、应用变换操作或者创建剪贴蒙版，可以将这些图层进行链接，之后统一操作。

在"图层"面板中选择两个或多个图层，单击"链接图层"按钮 ⊖⊖，或者执行"图层"→"链接图层"命令，即可将它们链接。如果要取消链接，可以选择其中一个图层，然后单击"链接图层"按钮 ⊖⊖。

4.3.4 修改图层的名称和颜色

在包含众多图层的文档中，为了便于在操作过程中快速定位，可以为一些重要图层设置易于识别的名称，或者赋予其区别于其他图层的颜色。

若需要修改某个图层的名称，可以先选中该图层，然后执行"图层"→"重命名图层"命令；也可以直接双击该图层的名称，如图 4-22 所示。随后，在显示的文本框中输入新名称，按 Enter 键即可完成操作，如图 4-23 所示。

若要修改图层的颜色，需要先选中该图层，接着右击，在弹出的快捷菜单中选择所需颜色选项，如图 4-24 和图 4-25 所示。

图 4-22

图 4-23

图 4-24

图 4-25

4.3.5 显示与隐藏图层

在图层缩览图前方，有一个"指示图层可视性"按钮 ⊙，可用于控制图层的可见性状态。当图层前显示该图标时，表明该图层处于可见状态，如图 4-26 所示；若图层前无此图标，则该图层为隐藏状态。

若要隐藏某个图层，只需单击该图层前方的眼睛图标 ⊙ 即可，如图 4-27 所示。若想让隐藏的图层重新显示，只需在原眼睛图标所在位置再次单击。

图 4-26

图 4-27

将鼠标指针放在一个图层的眼睛图标 ◉ 上，单击并在眼睛图标列拖动鼠标指针，可以快速隐藏（或显示）多个相邻的图层，如图 4-28 所示。

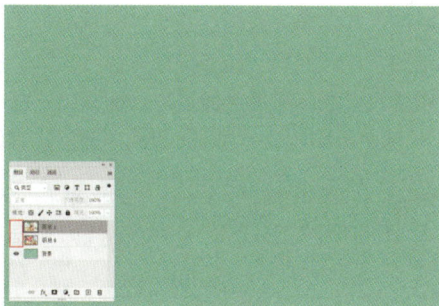

图4-28

4.3.6 锁定图层

Photoshop 配备了图层锁定功能，此功能可限制对图层编辑的内容与范围，从而有效避免错误操作。在"图层"面板中，单击相应的锁定按钮，即可对图层的不同属性进行锁定，如图 4-29 所示。

- ▨：锁定透明图像。
- ✎：锁定图像像素。
- ✛：锁定位置。
- ▥：防止在画板和画框内外自动嵌套。
- 🔒：锁定所有属性。

图4-29

答疑解惑： 为何会出现空心锁图标与实心锁图标的差异呢？当图层仅有部分属性被锁定时，图层名称右侧会呈现一个空心锁状图标；而当图层的所有属性均被锁定时，该锁状图标则会变为实心。

4.3.7 查找和隔离图层

当文档中包含大量图层时，若需要快速定位某个特定图层，可以执行"选择"→"查找图层"命令，如图 4-30 所示。执行该命令后，"图层"面板顶部会出现一个文本框，如图 4-31 所示。在文本框中输入目标图层的名称，此时"图层"面板中仅会显示该图层，如图 4-32 所示。

图4-30

图4-31

图4-32

Photoshop 具备图层隔离功能，该功能可使"图层"面板仅显示特定类型的图层（涵盖名称、效果、模式、属性和颜色等方面），同时隐藏其他类型的图层。

例如，在"图层"面板顶部选择"类型"选项后，单击右侧的"文字图层过滤器"按钮，"图层"面板中便会仅展示文字类图层；若选择"效果"选项，"图层"面板中则仅显示添加了特定效果的图层。此外，执行"选择"→"隔离图层"命令，同样能够实现上述图层隔离效果。

> **延伸讲解：** 如果想停止图层过滤，在"图层"面板中显示所有图层，可以单击该面板右上角的"打开或关闭图层过滤"按钮●。

4.3.8　删除图层

将需要删除的图层拖曳到"图层"面板中的"删除图层"按钮🗑上，即可删除该图层。此外，执行"图层"→"删除"子菜单中的命令，也可以删除当前图层或面板中所有隐藏的图层。

4.3.9　栅格化图层内容

若要对包含矢量数据的图层（如文字图层、形状图层、矢量蒙版或智能对象等）使用绘画工具和滤镜进行编辑，需要先将其栅格化，将图层中的内容转换为光栅图像，之后方可开展相应的编辑操作。

具体操作时，先选中需要栅格化的图层，然后执行"图层"→"栅格化"子菜单中的对应命令，即可完成图层内容的栅格化，如图 4-33 所示。

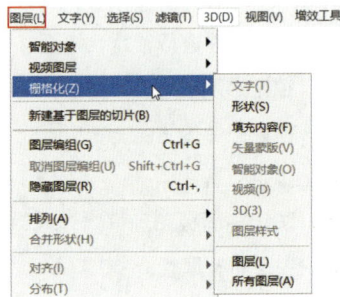

图4-33

4.3.10　清除图像的杂边

在移动或粘贴选区的过程中，选区边框周围的部分像素会被一同包含在选区内。此时，可以执行"图层"→"修边"子菜单中的相应命令，以清除这些多余的像素，如图 4-34 所示。

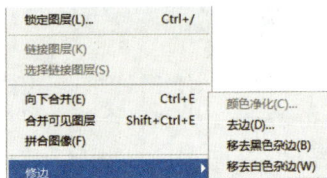

图4-34

4.4　排列与分布图层

在"图层"面板中，图层呈从上至下的堆叠排列状态。位于上方图层中不透明的部分，会遮挡住下方图层中的图像内容。倘若更改面板中图层的堆叠顺序，图像的呈现效果也会随之改变。

4.4.1　改变图层的顺序：立夏吃瓜海报

在"图层"面板中，若要调整图层的堆叠顺序，可以将一个图层拖至另一个图层的上方或下方。当目标位置出现突出显示的线条时释放鼠标，即可完成图层堆叠顺序的调整，具体的操作步骤如下。

01 启动Photoshop，按快捷键Ctrl+O，打开相关素材中的"立夏.psd"文件，此时"西瓜"图层被置于"山"图层之下，如图4-35所示。

02 在"图层"面板中选择"西瓜"图层，执行"图层"→"排列"→"前移一层"命令。

> **延伸讲解：** 按快捷键Ctrl+]，也可以前移图层。

03 将"西瓜"图层往前移动一层，效果如图4-36所示。

图4-35

图4-36

04 选择"小孩"图层，执行"图层"→"排列"→"后移一层"命令。

05 "小孩"图层往后移动一层，位于"山"图层之下，效果如图4-37所示。

06 选择"小孩"图层，执行"图层"→"排列"→"置为顶层"命令，将"小孩"图层放置在顶层。

> **延伸讲解：** 按快捷键Ctrl+Shift+[，可以将图层置于底层。

图4-37

4.4.2 使用对齐与分布命令：蛇年大吉

Photoshop 的对齐与分布功能，可用于精准定位图层位置。在开展对齐和分布操作前，需要先选中相应图层，或者将其设置为链接图层。接下来，将借助"对齐"和"分布"命令对对象进行操作，具体的操作步骤如下。

01 启动Photoshop，按快捷键Ctrl+O，打开相关素材中的"蛇年大吉.psd"文件，如图4-38所示。

02 选中除"背景"图层外的所有图层，执行"图层"→"对齐"→"顶边"命令，可以将所有选定图层上的顶端像素对齐，如图4-39所示。

图4-38

图4-39

03 按快捷键Ctrl+Z撤销上一步操作。执行"图层"→"对齐"→"垂直居中"命令，可以将每个选定图层上的垂直像素对齐，如图4-40所示。

04 按快捷键Ctrl+Z撤销上一步操作。执行"图层"→"对齐"→"水平居中"命令，可以将选定图层上的水平中心像素对齐，如图4-41所示。

图4-40

图4-41

05 按快捷键Ctrl+Z撤销上一步操作。取消对齐，随意打散图层的分布，如图4-42所示。

06 选中除"背景"图层外的所有图层。执行"图层"→"对齐"→"左边"命令，可以从每个图层的左端像素开始，间隔均匀地分布图层，如图4-43所示。

图4-42

图4-43

> **延伸讲解：** 如果当前使用的是"移动工具" ⊕，可单击工具选项栏上的 ⊨、⊧、⊨、⊤、⊩、⊪ 按钮来对齐图层；单击 ⊤、⊥、⊥、⊩、⊪、⊪ 按钮来进行图层的分布操作。

4.5 图层样式

图层样式本质上是一系列图层效果的集合，涵盖投影、内阴影、外发光、内发光、斜面和浮雕、光泽、颜色叠加、图案叠加、渐变叠加、描边等效果。借助图层样式，可以迅速将平面图形转变为具备材质与光影效果的类立体对象。

4.5.1 图层样式对话框

执行"图层"→"图层样式"→"混合选项"命令，弹出"图层样式"对话框，如图4-44所示。在"图层样式"对话框左侧，罗列着各类效果选项。若效果名称前的复选框内带有√图标，意味着该效果已添加至图层。若要停用某效果，同时保留其参数设置，只需单击该效果前的√图标即可。

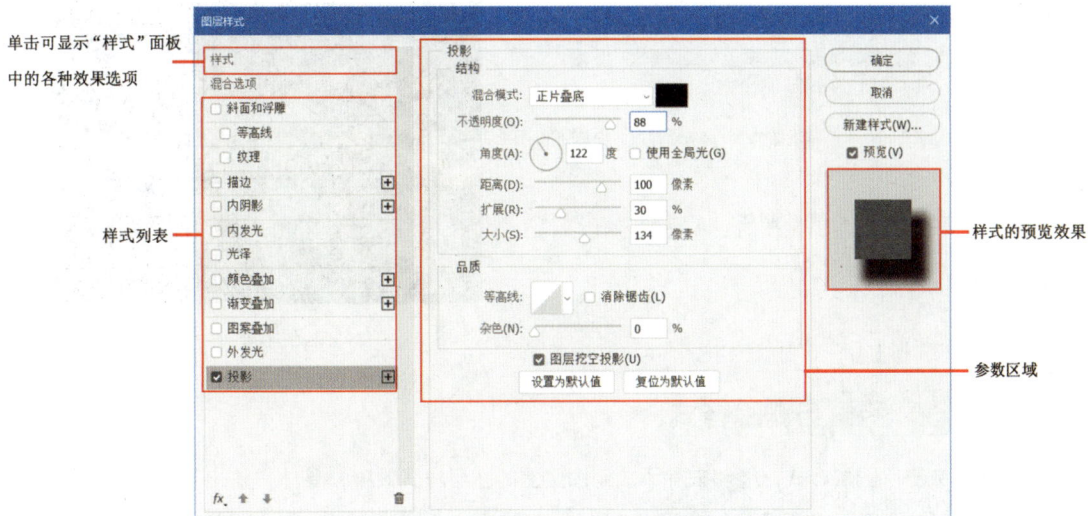

单击可显示"样式"面板
中的各种效果选项

样式列表

样式的预览效果

参数区域

图4-44

延伸讲解： 尽管图层样式能够轻松实现特殊效果，然而不可滥用。在应用时，需要留意使用场合，并注重各种图层效果之间的合理搭配，否则可能会事与愿违。

4.5.2　混合选项区域

　　默认情况下，弹出"图层样式"对话框后，切换至"混合选项"参数选项区域，如图 4-45 所示。该选项区域主要用于设置一些常见选项的参数，例如混合模式、不透明度、混合颜色等。

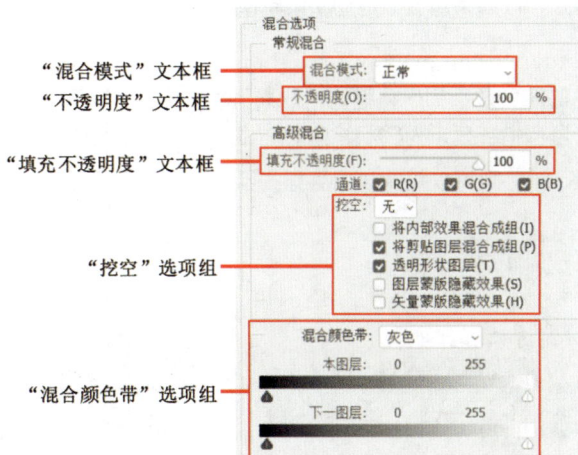

"混合模式"文本框

"不透明度"文本框

"填充不透明度"文本框

"挖空"选项组

"混合颜色带"选项组

图4-45

4.5.3　图层样式应用：烟花绚烂

　　矢量蒙版、图层蒙版以及剪贴蒙版均可在"图层"面板中进行设置，而混合颜色带则隐匿于"图层样式"对话框中。接下来，将借助混合颜色带对图像执行抠图操作，效果如图 4-46 所示，具体的操作步骤如下。

本例制作要点

※ 调整"烟花"图层的位置与大小，并应用图层样式。

※ 使用蒙版工具和"画笔工具"使烟花与背景更好地融合。

※ 添加其他烟花效果并调整细节，完成合成。

图4-46

4.5.4 修改、隐藏与删除样式

通过隐藏或删除图层样式，能够去除添加到图层上的图层样式效果，具体方法如下。

※ 删除图层样式：添加了图层样式的图层右侧会出现 *fx* 图标，单击该图标右侧的 ∨ 按钮，可以展开图层添加的样式效果。拖动该图标或"效果"项至面板底部的"删除图层"按钮 🗑 上，可以删除图层样式。

※ 删除样式效果：拖动效果列表中的图层效果至"删除图层"按钮 🗑 上，可以删除图层样式。

※ 隐藏样式效果：单击图层样式效果左侧的眼睛图标 👁 ，可以隐藏该图层效果。

※ 修改图层样式：在"图层"面板中，双击效果的名称，可以弹出"图层样式"对话框并切换至该效果的设置选项，对图层样式参数进行修改。

4.5.5 复制与粘贴样式

若要快速复制图层样式，可以采用鼠标拖动和菜单命令这两种方法。

1. 鼠标拖动

展开"图层"面板中的图层效果列表，拖动"效果"项或 *fx* 图标至另一个图层上方，即可移动图层样式至另一个图层，此时鼠标指针显示为 🖑 状，同时在鼠标指针下方显示 *fx* 标记，如图 4-47 所示。

如果在拖动时按住 Alt 键，则可以复制该图层样式至另一个图层，此时鼠标指针显示为 ▶ 形状，如图 4-48 所示。

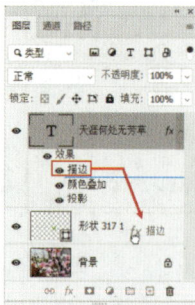

图4-47

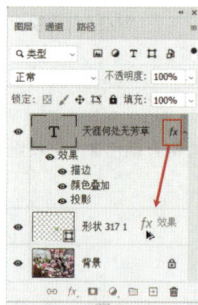

图4-48

2. 菜单命令

在已添加图层样式的图层上右击，从弹出的快捷菜单中选择"拷贝图层样式"选项；接着，在需要粘贴样式的图层上再次右击，在弹出的快捷菜单中选择"粘贴图层样式"选项，即可完成操作。

4.5.6 缩放样式效果：金元宝

当对添加了效果的图层对象进行缩放操作时，这些效果会始终保持原比例，不会随对象大小的变化而发生改变。若要使效果与图像比例保持一致，则需要单独对效果进行缩放处理，具体的操作步骤如下。

01 启动Photoshop，按快捷键Ctrl+O，打开相关素材中的"金元宝卡通蛇.psd"文件，如图4-49所示。

02 执行"图层"→"图层样式"→"缩放效果"命令，弹出"缩放图层效果"对话框，参数设置如图4-50所示。单击"确定"按钮，扩大描边的效果如图4-51所示。

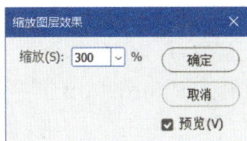

图4-49　　　　　　　　　　图4-50　　　　　　　　　　图4-51

延伸讲解： "缩放效果"命令只缩放图层样式中的效果，不会缩放应用了该样式的图层。

4.5.7 将图层样式转换为图层

若需要进一步对图层样式进行编辑，如在效果上绘制元素或应用滤镜，需要先将效果创建为独立图层。选中已添加图层样式的图层，执行"图层"→"图层样式"→"创建图层"命令，此时弹出提示对话框，如图 4-52 所示。单击"确定"按钮，样式便会从原图层中分离出来，形成单独的图层，如图 4-53 所示。在这些新生成的图层中，部分会被创建为剪贴蒙版，部分会被设置为混合样式，以此保证转换前后图像效果的一致性。

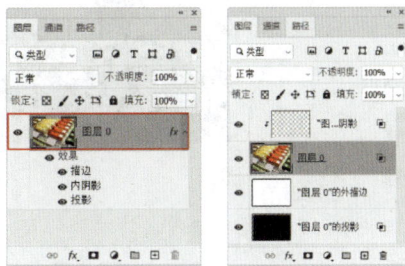

图4-52　　　　　　　　　　　　图4-53

4.5.8 添加图层效果：玻璃搜索栏

图层样式又称"图层效果"。借助图层样式，可为图层中的图像添加投影、发光、浮雕、描边等效果，进而创建出具有逼真质感的水晶、玻璃、金属和纹理等特效。本例效果如图 4-54 所示，具体的操作步骤如下。

本例制作要点

※ 创建文档并置入背景图，进行适当模糊处理。

※ 绘制矩形框，调整不透明度并添加图层样式。

※ 置入放大镜图标并设置图层混合模式，调整
文字样式和位置，最终完成设计。

图4-54

4.6 图层混合模式

在一幅图像中，各个图层按照由上至下的顺序叠加在一起，这并非简单的图像堆砌。通过设置各图层的不透明度和混合模式，能够调控各图层之间的相互作用关系，进而实现图像的完美融合。混合模式主要用于控制图层之间像素颜色的相互影响。Photoshop 提供了正常、溶解、叠加、正片叠底等 20 余种可供使用的图层混合模式，不同的混合模式会产生不同的视觉效果。

4.6.1 使用混合模式

在"图层"面板中选择一个图层，在该面板顶部的 正常 下拉列表中可以选择混合模式，如图 4-55 所示。

接下来，将为图 4-56 所示的图像添加一个如图 4-57 所示的渐变填充图层，并分别选取不同的混合模式，以演示渐变填充图层与下方图像的混合效果。

图4-55   图4-56   图4-57

※ 正常：此为默认的混合模式。当图层的不透明度设置为 100% 时，该图层会完全遮盖下方的图像。若降低图层的不透明度，则可使其与下方图层进行混合。

※ 溶解：设置该模式并降低图层的不透明度后，半透明区域上的像素会呈现离散状态，产生点状颗粒效果，如图 4-58 所示。

※ 变暗：此模式会比较两个图层。在当前图层中，亮度值高于底层像素的像素，会被底层较暗的像素所替换；而亮度值低于底层像素的像素则保持不变，如图 4-59 所示。

※ 正片叠底：当前图层中的像素与底层白色混合时，像素保持不变；与底层黑色混合时，像素会被底层黑色替换。该混合模式通常会使图像整体变暗，如图 4-60 所示。

图4-58　　　　　　　　　　　图4-59　　　　　　　　　　　图4-60

※　颜色加深：该模式通过增加对比度来强化深色区域，底层图像的白色部分保持不变，如图4-61所示。

※　线性加深：此模式通过降低亮度使像素变暗，其效果与"正片叠底"模式相似，但能保留下方图像的更多颜色信息，如图4-62所示。

※　深色：该模式会比较两个图层的所有通道值的总和，并显示值较小的颜色，不会生成第三种颜色，如图4-63所示。

图4-61　　　　　　　　　　　图4-62　　　　　　　　　　　图4-63

※　变亮：此模式与"变暗"模式的效果相反。当前图层中较亮的像素会替换底层较暗的像素，而较暗的像素则被底层较亮的像素替换，如图4-64所示。

※　滤色：该模式与"正片叠底"模式的效果相反，它能使图像产生漂白效果，类似多个幻灯片彼此投影的效果，如图4-65所示。

※　颜色减淡：此模式与"颜色加深"模式的效果相反，它通过减小对比度来加亮底层图像，并使颜色更加饱和，如图4-66所示。

图4-64　　　　　　　　　　　图4-65　　　　　　　　　　　图4-66

※　线性减淡（添加）：该模式与"线性加深"模式的效果相反。它通过增加亮度来减淡颜色，亮化效果比"滤色"和"颜色减淡"模式都更强烈，如图4-67所示。

※　浅色：此模式会比较两个图层的所有通道值的总和，并显示值较大的颜色，不会生成第三种颜色，如图4-68所示。

※　叠加：该模式可增强图像的颜色，同时保持底层图像的高光和暗调，如图4-69所示。

※　柔光：当前图层中的颜色决定了图像的变亮或变暗效果。若当前图层中的像素比50%灰色亮，则图像变亮；若像素比50%灰色暗，则图像变暗。其产生的效果与发散的聚光灯照在图像上的效果相似，

如图 4-70 所示。

图4-67　　　　　　　　　　图4-68　　　　　　　　　　图4-69

※　强光：若当前图层中的像素比 50% 灰色亮，则图像变亮；若像素比 50% 灰色暗，则图像变暗。其产生的效果与耀眼的聚光灯照在图像上的效果相似，如图 4-71 所示。

※　亮光：若当前图层中的像素比 50% 灰色亮，则通过减小对比度的方式使图像变亮；若像素比 50% 灰色暗，则通过增加对比度的方式使图像变暗。该模式可使混合后的颜色更加饱和，如图 4-72 所示。

图4-70　　　　　　　　　　图4-71　　　　　　　　　　图4-72

※　线性光：若当前图层中的像素比 50% 灰色亮，则通过减小对比度的方式使图像变亮；若像素比 50% 灰色暗，则通过增加对比度的方式使图像变暗。"线性光"模式可使图像产生更高的对比度，如图 4-73 所示。

※　点光：若当前图层中的像素比 50% 灰色亮，则替换暗的像素；若当前图层中的像素比 50% 灰色暗，则替换亮的像素，如图 4-74 所示。

※　实色混合：若当前图层中的像素比 50% 灰色亮，会使底层图像变亮；若当前图层中的像素比 50% 灰色暗，会使底层图像变暗。该模式通常会使图像产生色调分离的效果，如图 4-75 所示。

图4-73　　　　　　　　　　图4-74　　　　　　　　　　图4-75

※　差值：当前图层的白色区域会使底层图像产生反相效果，而黑色区域则不会对底层图像产生影响，如图 4-76 所示。

※　排除：该模式与"差值"模式的原理基本相似，但它可以创建对比度更低的混合效果，如图 4-77 所示。

※　减去：此模式可以从目标通道中相应的像素上减去源通道中的像素值，如图 4-78 所示。

※　划分：该模式会查看每个通道中的颜色信息，并从基色中划分混合色，如图 4-79 所示。

图4-76　　　　　　　　　　图4-77　　　　　　　　　　图4-78

※　色相：此模式将当前图层的色相应用到底层图像的亮度和饱和度中，可以改变底层图像的色相，但不会影响其亮度和饱和度。对于黑色、白色和灰色区域，该模式不起作用，如图 4-80 所示。

※　饱和度：该模式将当前图层的饱和度应用到底层图像的亮度和色相中，可以改变底层图像的饱和度，但不会影响其亮度和色相，如图 4-81 所示。

图4-79　　　　　　　　　　图4-80　　　　　　　　　　图4-81

※　颜色：此模式将当前图层的色相与饱和度应用到底层图像中，但保持底层图像的亮度不变，如图 4-82 所示。

※　明度：该模式将当前图层的亮度应用于底层图像的颜色中，可以改变底层图像的亮度，但不会对其色相与饱和度产生影响，如图 4-83 所示。

图4-82　　　　　　　　　　图4-83

4.6.2　双重曝光工具：鹿的森林世界

　　下面通过更改图层的混合模式来制作双重曝光图像效果。本例效果如图 4-84 所示，具体的操作步骤如下。

图4-84

本例制作要点

※ 置入并调整"森林"素材的位置，选取并反选"背景"图层中的白色区域，进行图层蒙版的操作。

※ 使用"变亮"混合模式复制并调整图层，结合蒙版进行涂抹以显示细节。

※ 添加"纯色"调整图层与文字，完成设计制作。

4.7 填充图层

填充图层是一种特殊图层，其作用是在图层中填充纯色、渐变或图案。在 Photoshop 中，能够创建 3 种类型的填充图层，即纯色填充图层、渐变填充图层和图案填充图层。

创建填充图层之后，可以通过设置混合模式，或者调整图层的不透明度，来打造特殊的图像效果。而且，填充图层具有高度的灵活性，既可以随时进行修改或删除操作，不同类型的填充图层之间还能够相互转换，甚至可以将填充图层转换为调整图层。

4.7.1 纯色填充：捷克小镇的风景

纯色填充图层是一种能够以单一颜色进行填充且具备可调整特性的图层。下面详细介绍创建纯色填充图层的具体操作步骤。

01 启动Photoshop，按快捷键Ctrl+O，打开相关素材中的"捷克小镇的风景.jpg"文件，如图4-85所示。

02 单击"图层"面板底部的"创建新的填充或调整图层"按钮 ，创建"纯色"调整图层，在弹出的"拾色器"对话框中设置颜色为黄色（#fffcab），并设置其混合模式为"正片叠底"，"不透明度"为57%，如图4-86所示。画面的显示效果如图4-87所示。

图4-85

图4-86

图4-87

4.7.2 渐变填充：冰川地貌

渐变填充图层中所填充的颜色呈现为渐变色，其填充效果与"渐变工具"所实现的填充效果颇为相似。不过，渐变填充图层的一大优势在于，其效果能够反复修改。本例效果如图 4-88 所示，具体的操作步骤如下。

图4-88

本例制作要点

※ 打开"冰川地貌"素材文件，选取天空部分。

※ 创建渐变填充图层，设置为蓝色渐变。

※ 完成渐变填充并调整图层效果。

4.7.3 图案填充：青椒兔丁

图案填充图层指的是运用图案进行填充的图层。在 Photoshop 中，内置了众多预设图案供用户选择。若这些预设图案无法满足需求，还可以自定义图案来进行填充。本例效果如图 4-89 所示。

图4-89

本例制作要点

※ 打开并定义"叶子背景"图案，并应用到"青椒兔丁"素材的桌布区域。

※ 使用"钢笔工具"选取人物桌布，应用自定义图案填充。

※ 调整图案填充图层的混合模式，完成合成效果。

4.8 应用案例：制作公众号封面

本例将制作电商公众号封面。该封面采用简约风格，以形状作为主要设计元素，同时搭配不同样式的文字，最终呈现的效果如图 4-90 所示。

图4-90

本例制作要点

※ 使用图形工具（椭圆、矩形）绘制元素，搭配填充与描边处理，完成背景与装饰布局。

※ 运用文字工具编辑内容，添加图层样式增强视觉效果。

※ 运用文字工具编辑内容，添加图层样式增强视觉效果。

※ 组合素材和文字设计，完成主题突出的封面设计。

4.9 课后练习：时尚破碎海报

图层样式具备随时修改与隐藏的特性，具有极高的灵活性。本例将借助图层样式来完成图像的合成操作，最终效果如图 4-91 所示。

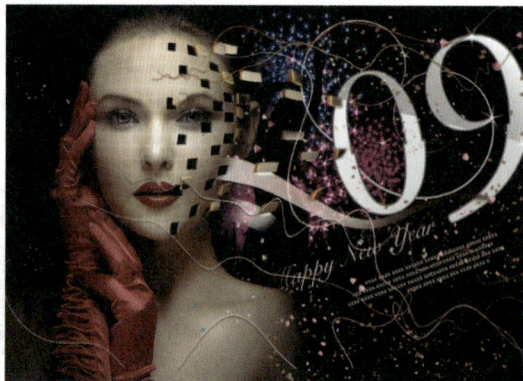

图4-91

本例制作要点

※ 创建基础文档，使用蒙版工具处理素材，完成人物背景的自然过渡。

※ 自定义图案，通过填充形成网格效果，为画面增加装饰。

※ 运用图形工具与图层样式制作碎片效果，加入素材增强整体的视觉表现。

4.10 复习题

运用本章所掌握的知识，精心绘制家居三折页，最终呈现的效果如图 4-92 所示。

图4-92

第5章
插画设计：绘画与图像修饰

Photoshop 配备了丰富多样的绘图工具，拥有强大且卓越的绘图与修饰功能。借助这些绘图工具，并巧妙结合"画笔"面板、混合模式、图层等实用功能，创作者能够创作出传统绘画技巧难以企及的优秀作品。

5.1 插画设计概述

插画设计作为一种借助视觉元素来传达信息或情感的艺术形式，在出版配图、影视海报、游戏设计、广告宣传、漫画创作以及产品包装等诸多领域均有广泛的应用。随着数字技术的蓬勃发展，插画在网络与移动平台上得以大量运用，已然成为虚拟物品和视觉表达中不可或缺的重要组成部分。

5.1.1 插画设计的应用类型

在平面设计领域，我们最为常接触的是文学插图与商业插画。文学插图是一种能够再现文章情节、体现文学精神的可视艺术形式，如图 5-1 所示。商业插画则是一种为企业或产品传递商品信息，兼具艺术性与商业性的图像表现形式，如图 5-2 所示。

图5-1

图5-2

5.1.2 插画设计的功能

插画设计作为视觉传达领域的重要形式，在当代社会的各个领域中发挥着不可替代的关键作用。其功能可精炼概括为以下六大核心维度。

1. 信息传递的视觉化重构

插画借助具象或抽象的图形语言，将复杂的信息转化为直观的视觉符号。在科普读物里，解剖图示能够突破文字的局限，将人体结构以三维可视化的方式呈现出来；在公共空间中，应急逃生插画通过标准化的图示系统，实现了跨语言的传播效果。相关研究表明，视觉化的信息传递效率相较于纯文字提升了 83%，且记忆留存率提高了 65%。

2. 情感共鸣的催化剂

插画通过色彩搭配、造型语言以及构图节奏来建立情感联结。在儿童绘本中，柔和的马克笔触与明快的色调共同构建出一个安全的认知环境；公益海报则通过夸张变形的表现手法引发受众的情感共振。某国的地震防灾插画采用低饱和度的蓝色系，成功使受众的焦虑感降低了 40%。

3. 品牌价值的视觉载体

在商业领域，插画已成为构成品牌 DNA 的核心要素。星巴克季节限定杯的插画设计年均能够创造 12 亿美元的附加价值；网易云音乐的"红胶唱片"插画系统使品牌的认知度提升了 37%。企业通过插画延展其 IP 形象，可形成年均 200% 的衍生品收益增长。

4. 文化传播的现代媒介

插画在文化转播过程中架起了古今之间的桥梁。《国家宝藏》节目通过数字插画复活文物纹样，使年轻群体的观看意愿提升了 58%；《中国诗词大会》的水墨插画实现了古典意境的当代转译，其海外传播量突破了 2 亿次。

5. 叙事表达的时空重构

绘本小说通过分镜插画构建出多维的叙事空间，*Sapiens* 图解版通过 300 幅插画将人类史的阅读时长压缩至传统文本的 1/3。游戏原画通过环境概念图构建出沉浸式的世界观，《原神》的场景插画使玩家的停留时长增加了 42%。

6. 商业转化的增值引擎

在电商领域，主图插画能够使点击转化率提升 25%~40%；包装插画设计直接影响着 73% 消费者的购买决策。在数字藏品市场，加密艺术插画 *Everydays* 以 6930 万美元成交，这充分印证了其金融属性。

插画设计已突破传统装饰的范畴，发展成为融合传播学、心理学、经济学等多学科知识的复合型工具。在信息过载的时代，它通过视觉降噪、情感赋能、价值重塑等功能，持续创造着认知效率与商业价值的双重提升。随着 AR/VR 技术的发展，插画设计正朝着三维交互的方向进化，其功能边界也将持续扩展。

5.2 设置颜色

颜色设置是开展图像修饰与编辑工作前必须掌握的一项基本技能。在 Photoshop 中，用户能够运用多种方式来设置颜色。例如，可以借助"吸管工具"从图像中拾取所需颜色；也可以利用"颜色"面板或者"色板"面板来设置颜色。

5.2.1 前景色与背景色

前景色与背景色是用户在操作过程中所使用的颜色。在工具箱中，设有前景和背景色的设置选项区域，该区域由设置前景色、设置背景色、切换前景色和背景色以及恢复默认前景色和背景色等部分构成，如图 5-3 所示。

图 5-3

5.2.2 拾色器

单击工具箱中的"设置前景色"或"设置背景色"色块，均可弹出"拾色器"对话框，如图5-4所示。在"拾色器"对话框中，用户能够基于 HSB、RGB、Lab、CMYK 等颜色模式来精准指定所需颜色。此外，还可以对"拾色器"对话框进行设置，使其仅能从 Web 安全色或几个自定义颜色系统中挑选颜色。

单击"颜色库"按钮，即可弹出"颜色库"对话框，如图5-5所示，可以在其中挑选丰富多样的颜色。

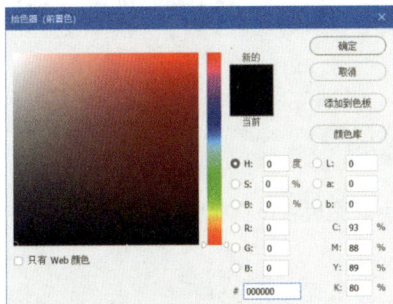

图5-4

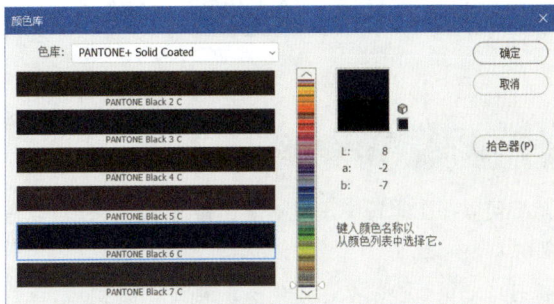

图5-5

5.2.3 吸管工具选项栏

在工具箱中选择"吸管工具" 🖊 后，出现"吸管工具"选项栏，如图 5-6 所示。利用"吸管工具"，可以吸取参考颜色来应用到实际的处理中。

图5-6

5.2.4 吸管工具：这是什么颜色

使用"吸管工具" 🖊 可以快速从图像中直接选取颜色，下面将讲解"吸管工具" 🖊 的具体操作与使用方法。

01 启动Photoshop，按快捷键Ctrl+O，打开相关素材中的"荷花蜻蜓.jpg"文件，如图5-7所示。

02 在工具箱中选择"吸管工具" 🖊 后，将鼠标指针移至图像上方并单击，可拾取单击处的颜色，并将其作为前景色，如图5-8所示。

图5-7

图5-8

03 按住Alt键并单击，可拾取单击处的颜色，并将其作为背景色，如图5-9所示。

04 如果将鼠标指针放在图像上方，然后按住鼠标左键在屏幕上拖动，则可以拾取窗口、菜单栏和面板中的颜色，如图5-10所示。

图5-9

图5-10

5.2.5 实战：颜色面板

除了可以在工具箱中设置前景色和背景色，还可以在"颜色"面板中设置所需的颜色，具体的操作步骤如下。

01 执行"窗口"→"颜色"命令，调出"颜色"面板，"颜色"面板采用类似美术调色的方式来混合颜色。单击面板右上角的▤按钮，在弹出的菜单中选择"RGB滑块"选项。如果要编辑前景色，可单击前景色色块，如图5-11所示。如果要编辑背景色，则单击背景色色块，如图5-12所示。

02 在RGB文本框中输入数值或者拖动滑块，可调整颜色，如图5-13和图5-14所示。

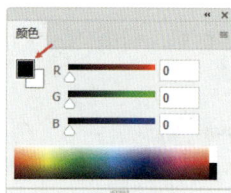
图5-11

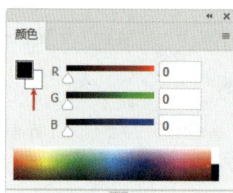
图5-12

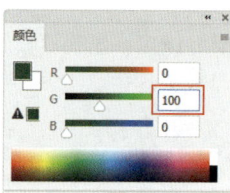
图5-13

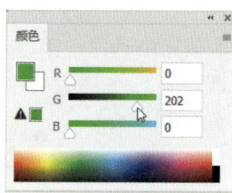
图5-14

03 将鼠标指针放在面板下面的四色曲线图上，鼠标指针会变为✐状，此时，单击即可采集色样，如图5-15所示。单击面板右上角的▤按钮，打开面板菜单，选择不同的选项可以修改四色曲线图的模式，如图5-16所示。

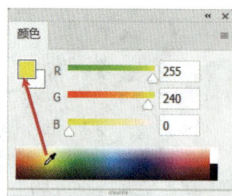
图5-15

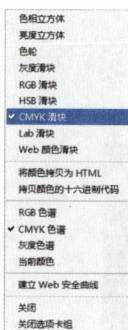

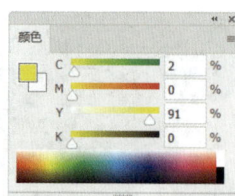
图5-16

5.2.6 实战：色板面板

"色板"面板中囊括了系统预先设置好的各类颜色，只需单击其中相应的颜色，即可将其设定为前景色，具体的操作步骤如下。

01 执行"窗口"→"色板"命令，打开"色板"面板，"色板"面板中的颜色都是预先设置好的，单击一个颜色样本，即可将其设置为前景色，如图5-17所示。按住Alt键的同时单击，则可将其设置为背景色，如图5-18所示。

02 在"色板"面板中提供了不同类型的色板文件夹，单击任意文件夹左侧的箭头按钮 >，可以展开相应的色板文件夹，查看其中提供的颜色，如图5-19所示。

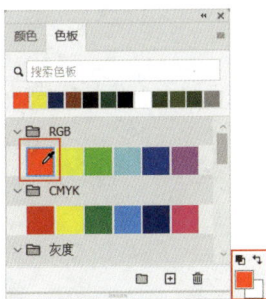
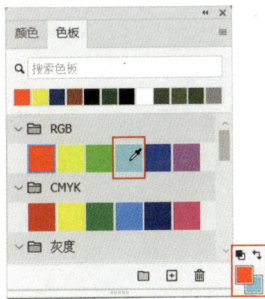
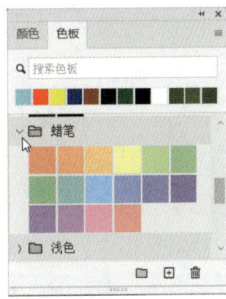

图5-17　　　　　　　　　　图5-18　　　　　　　　　　图5-19

03 单击"色板"面板底部的"创建新组"按钮 ▢，弹出"组名称"对话框，如图5-20所示，在该对话框中可以自定义组的名称，完成后单击"确定"按钮即可。

04 在"色板"面板中创建新组后，即可将常用的颜色拖入文件夹，方便日后随时调用，如图5-21和图5-22所示。

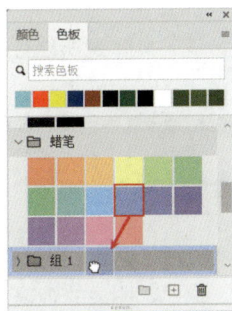
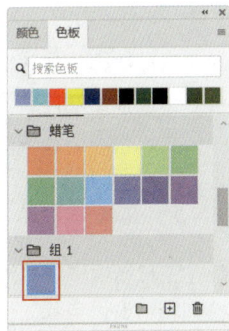

图5-20　　　　　　　　　　图5-21　　　　　　　　　图5-22

05 如果需要将创建的新组进行删除，可以在"色板"面板中选择组，单击底部的"删除色板"按钮 🗑，在弹出的提示对话框中单击"确定"按钮，即可完成删除操作，如图5-23和图5-24所示。

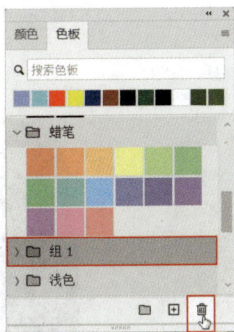
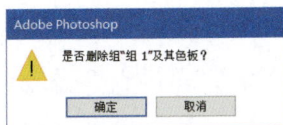

图5-23　　　　　　　　图5-24

5.3 绘画工具

在 Photoshop 中，绘图与绘画是两个有着明显区别的概念。绘图是借助 Photoshop 的矢量功能来创建矢量图像；而绘画则是基于像素来创建位图图像。

5.3.1 画笔工具选项栏

在工具箱中选择"画笔工具" ✓ 后，显示"画笔工具"选项栏，如图 5-25 所示。在开始绘画之前，应选择所需的画笔笔尖形状和大小，并设置不透明度、流量等画笔属性。

图5-25

5.3.2 铅笔工具选项栏

在工具箱中选择"铅笔工具" ✐ 后，显示"铅笔工具"选项栏，如图 5-26 所示。"铅笔工具" ✐ 的使用方法与"画笔工具" ✓ 类似，但"铅笔工具" ✐ 只能绘制硬边线条或图形，与现实中的铅笔非常相似。

图5-26

"自动抹除"复选框是"铅笔工具" ✐ 所独有的功能选项。当选中该复选框后，"铅笔工具" ✐ 便具备了橡皮擦的功能。通常情况下，"铅笔工具" ✐ 会使用前景色进行绘画；而当选中该复选框后，若在与前景色相同的图像区域进行绘画操作，系统会自动擦除前景色，并填入背景色。

5.3.3 颜色替换工具选项栏

在工具箱中选择"颜色替换工具" ✐ 后，显示"颜色替换工具"选项栏，如图 5-27 所示。在"模式"下拉列表中提供色相、饱和度、颜色、明度 4 种模式供用户选择，适应不同的使用情况。

图5-27

5.3.4 颜色替换工具：秀发改色

"颜色替换工具" ✐ 可以用前景色替换图像中的颜色，但该工具不能用于位图、索引或多通道颜色模式的图像。下面将讲解"颜色替换工具" ✐ 的具体使用方法。

01 启动Photoshop，按快捷键Ctrl+O，打开相关素材中的"秀发.jpg"文件，如图5-28所示。

图5-28

02 设置前景色为棕色（#321807），在工具箱中选择"颜色替换工具" ，在工具选项栏中选择一个柔角笔尖并单击"取样：连续"按钮 ，将"限制"设置为"连续"，将"容差"设置为30%，如图5-29所示。

03 完成参数的设置后，在头发上方涂抹，在操作时需要注意，指针中心的十字线尽量不要碰到头发以外的地方。细节地方可适当将图像放大，右击在弹出的面板中将笔尖调小，在头发边缘涂抹，使颜色更加细腻，最终完成效果如图5-30所示。

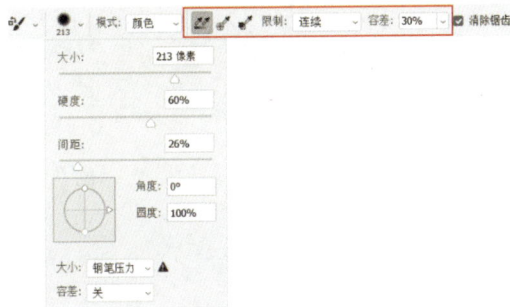
图5-29

图5-30

5.3.5 混合器画笔工具

使用"混合器画笔工具" 能够实现像素的混合，它可以逼真地模拟真实的绘画技巧，例如混合画布上的色彩、调配画笔上的颜色，以及在描边过程中营造出不同的绘画湿度效果。"混合器画笔工具" 配备有两个绘画色管，分别为一个储槽和一个拾取器。运用该画笔在画面上进行涂抹操作，能够为画面增添动感，让画面更具灵动性，进而改变画面的呈现效果。

在工具箱中选择"混合器画笔工具" 后，显示"混合器画笔工具"选项栏，如图 5-31 所示。

图5-31

5.4 渐变工具

"渐变工具"可用于在整个文档或选定的区域内填充渐变颜色。渐变填充在 Photoshop 中的应用极为广泛，它不仅能够为图像填充渐变色彩，还能应用于图层蒙版、快速蒙版以及通道的填充。此外，在调整图层和填充图层时，也会运用到渐变效果。

5.4.1 渐变工具选项栏

在工具箱中选择"渐变工具" 后，需要先在工具选项栏中选择一种渐变类型，并设置渐变颜色和混合模式等选项，如图 5-32 所示，然后填充渐变。

图5-32

5.4.2 渐变编辑器

Photoshop 内置了丰富多样的预设渐变，然而在实际工作场景中，往往还需要创建自定义渐变，以此打造独具个性的图像效果。当单击选项栏中的渐变颜色条时，便会弹出如图 5-33 所示的"渐变编辑器"对话框。在该对话框中，用户能够创建全新的渐变，并对当前渐变的颜色设置进行修改。

> 延伸讲解：在"渐变编辑器"对话框中，双击相应的文本框或缩览图，即可对色标的不透明度、位置以及颜色等参数进行设置。

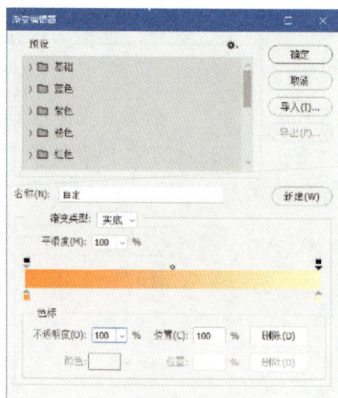

图5-33

5.4.3 渐变工具：元宇宙女孩

使用"渐变工具" ■ 可以创建多种颜色之间的渐变混合，不仅可以填充选区、图层和背景，也能用来填充图层蒙版和通道等。本例效果如图 5-34 所示。

本例制作要点

※ 打开"元宇宙女孩.psd"素材文件并设置渐变效果。

※ 创建径向和线性渐变，调整渐变显示样式。

※ 制作倒影效果，调整渐隐效果。

※ 增加阴影效果，提升立体感。

图5-34

5.5 填充与描边

填充指的是在图像或者选定的区域内填充颜色；而描边则是为选区勾勒出可见的边缘轮廓。在进行填充和描边操作时，既可以执行"填充"与"描边"命令，也能够借助工具箱中的"油漆桶工具" ◇ 来完成相应操作。

5.5.1 填充命令

"填充"命令可视为填充工具的拓展功能，其一个关键作用是能够切实保护图像中的透明区域，进而实现对图像进行有针对性的填充。执行"编辑"→"填充"命令，或者按快捷键 Shift+F5，将弹出如图 5-35 所示的"填充"对话框。

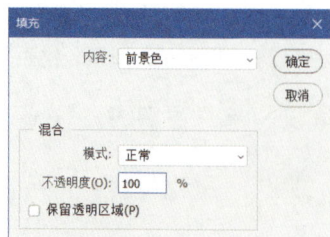

图5-35

5.5.2 描边命令

　　执行"编辑"→"描边"命令，将弹出如图5-36所示的"描边"对话框，在该对话框中可以设置描边的宽度、位置和混合方式。

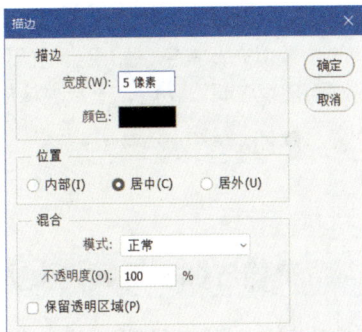

图5-36

5.5.3 油漆桶工具选项栏

　　"油漆桶工具" 用于在图像或选区中填充颜色或图案，但"油漆桶工具" 在填充前会对单击位置的颜色进行取样，从而只填充颜色相同或相似的图像区域，"油漆桶工具"选项栏如图5-37所示。

图5-37

5.5.4 填充选区图形：犒劳自己

　　执行"填充"命令和使用"油漆桶工具" 填充类似，二者都能为当前图层或选区填充前景色或图案。不同的是，"填充"命令还可以利用内容识别技术进行填充。本例效果如图5-38所示。

本例制作要点

※　打开素材文件并复制图层。

※　使用"魔棒工具"创建选区并填充颜色。

※　为不同区域填充颜色，逐步制作图形和文字效果。

※　最终调整图层，呈现完整效果。

图5-38

5.6 擦除工具

　　Photoshop 中提供了"橡皮擦工具" 、"背景橡皮擦工具" 和"魔术橡皮擦工具" 这3种擦除工具，擦除工具主要用于擦除背景或图像。

　　其中"背景橡皮擦工具" 和"魔术橡皮擦工具" 主要用于抠图（去除图像背景），而"橡皮擦工具" 因为设置的选项不同，具有不同的用途。

5.6.1　橡皮擦工具选项栏

"橡皮擦工具" ✐用于擦除图像像素。如果在"背景"图层上使用"橡皮擦工具" ✐，Photoshop
会在擦除的位置填充背景色；如果当前图层不是"背景"图层，那么擦除的位置就会变为透明。在工具
箱中选择"橡皮擦工具" ✐后，显示"橡皮擦工具"选项栏，如图5-39所示。

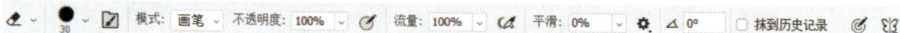

图5-39

5.6.2　背景橡皮擦：温婉的女人

　　"背景橡皮擦工具" ✎和"魔术橡皮擦工具" ✎
主要用来抠取边缘清晰的图像。"背景橡皮擦工
具" ✎能智能地采集画笔中心的颜色，并删除画笔
内出现的该颜色的像素。本例效果如图5-40所示。

本例制作要点

※　打开素材并使用"背景橡皮擦工具" ✎提取
　　人物。

※　将人物拖入商场背景并调整曲线。

※　添加填充层和调整图层，完成最终合成效果。

图5-40

5.6.3　魔术橡皮擦：冬日女孩

　　"魔术橡皮擦工具" ✎的效果相当于用"魔棒工具"创建选区后删除选区内像素。锁定图层透明区
域后，该图层被擦除的区域将用背景色填充，具体的操作步骤如下。

01 启动Photoshop，按快捷键Ctrl+O，打开相关素材中的"喝咖啡的女孩.jpg"文件，如图5-41所示。

02 选择"魔术橡皮擦工具" ✎，在工具选项栏中将"容差"设置为40%，将"不透明度"设置为
　　100%，如图5-42所示。

图5-41

图5-42

03 在图像的粉色渐变背景处单击，即可删除背景。将图像适当放大，对图像中的细节部分进行删除处
　　理，完成后得到的图像效果如图5-43所示。

04 打开相关素材中"冬日背景.jpg"文件，将抠取出来的人物放置其中，并调整合适的大小及位置，
　　最终效果如图5-44所示。

图5-43

图5-44

延伸讲解： 完成对象的抠取操作之后，可进一步调整对象的亮度、对比度、色阶等参数，让对象与背景的色调更加协调统一。

5.7 应用案例：制作小清新插画

本节将介绍小清新插画的绘制方法，绘制效果如图 5-45 所示。

本例制作要点

※ 通过填充工具与"矩形工具"划分草坪与天空区域，建立插画场景的基本框架。

※ 为树木、房屋等主要元素分层涂色，确保画面层次分明。

※ 通过小路、草坪和人物增强画面的细节表现。

※ 添加雨滴效果和人物素材，丰富画面氛围。

图5-45

5.8 课后练习——人物线描插画

本节将制作一幅线描插画，效果如图 5-46 所示。

本例制作要点

※ 将素材人物文件调整到适合的比例和位置。

※ 利用"钢笔工具"对人像及细节部位进行描边，凸显轮廓特征。

※ 为嘴唇等部位填充颜色，增加画面表现力。

※ 通过添加水彩和墨水纹理素材，调整不透明度，提升艺术效果。

图5-46

5.9 复习题

　　本例要求练习绘制植树节卡通贴纸插画。具体绘制步骤如下：首先绘制线稿；接着在线稿下方新建图层并填充颜色；最后为所有图形统一添加白色描边，完成绘制。绘制过程如图 5-47 所示。

图5-47

Photoshop 2025从新手到高手

第6章
智能运用：AI绘图与智能填充

本章将对 Photoshop 2025 以及 Adobe Firefly 中的 AI 工具展开全面介绍，详细展示如何借助这些智能工具实现高效操作，迅速达成预期效果，从而规避烦琐的传统操作流程。内容方面，将着重解析 AI 工具的核心功能以及具体使用方法，助力用户充分挖掘其潜力。

6.1 上下文任务栏

在 Photoshop 2025 中，"上下文任务栏"于操作过程中能够迅速为下一步操作提供更多选择。例如，以文本命令的形式添加相关指令后，可实现移除图像中的元素、完成图像的延伸与拓展等智能操作，基本操作的步骤如下。

01 启动Photoshop 2025，执行"文件"→"新建"命令，新建一个空白文档时，"上下文任务栏"会显示在画布上，如图6-1所示。

02 执行"文件"→"打开"命令，打开一幅图像，"上下文任务栏"会显示在画布上，如图6-2所示，若没有出现，则执行"窗口"→"上下文任务栏"命令显示出来。

图6-1 　　　　　　　　　　　　　　　　图6-2

03 当从工具箱中选择文字工具并且在画布上绘制文本框时，"上下文任务栏"会显示在画布上，如图6-3所示。

04 建立选区时，将显示"上下文任务栏"以及用于优化选区的选项，如图6-4所示。

图6-3 　　　　　　　　　　　　　　　　图6-4

05 在"上下文任务栏"中单击 按钮，可访问选项菜单，其中包含用于隐藏、重置和固定任务栏的选项，如图6-5所示。

图6-5

※ 隐藏栏：从屏幕中移除所有"上下文任务栏"，可以随时通过执行"窗口"→"上下文任务栏"命令重新将其显示出来。

※ 重置栏位置：将"上下文任务栏"的位置重置在默认位置。

※ 固定栏位置：将"上下文任务栏"固定在它们所在的位置，直到取消固定。

※ 观看快速视频：显示关于"上下文任务栏"的操作教学视频。

6.1.1 生成图片

借助"生成图像"功能，我们能够高效地构思并打造全新资源。仅需短短几分钟，便能迅速呈现出数十种创意方案，还能将多张图像巧妙融合，生成各类新颖独特的素材，具体的操作步骤如下。

01 启动Photoshop，执行"文件"→"新建"命令，新建一个空白文档，如图6-6所示。

02 执行"窗口"→"上下文任务栏"命令，单击"生成图像"按钮，如图6-7所示。

图6-6

图6-7

03 在调出的"生成图像"面板中输入描述文字"逼真的火烈鸟，泳池中有它们的倒影，黄色的中世纪房子，背景是山脉"，"内容类型"选择"照片"后，单击"生成"按钮即可进行图片生成，如图6-8所示。生成图片的效果如图6-9所示。

图6-8

图6-9

在"生成图像"面板中，可以在"效果"与"样式"下拉列表中自主挑选用于生成图片的参考风格。其中，"效果"下拉列表提供了多种效果以供选择，如图 6-10 所示。而在"样式"下拉列表中，既能够挑选现成的样式参考图，也可以自行选择图像，并从所选的参考图像中匹配样式，如图 6-11 所示。

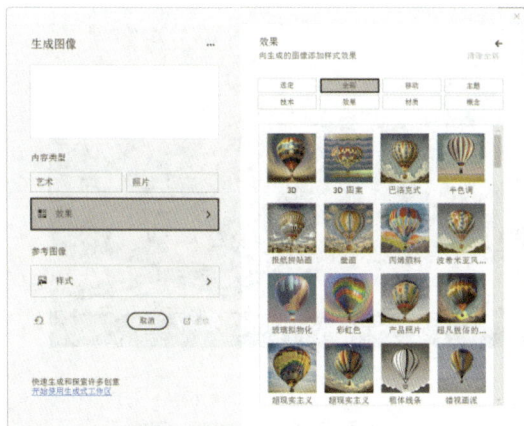

图6-10

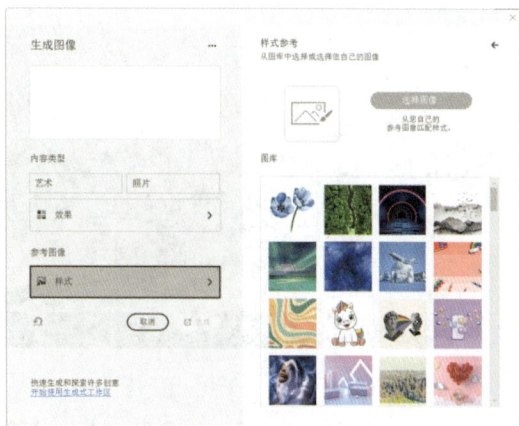

图6-11

6.1.2　生成物体

借助"上下文任务栏"中的"创成式填充"功能，能够轻松在画面中增添所需内容。本例效果如图6-12所示。

图6-12

本例制作要点

※　打开素材文件并框选需要生成的区域。

※　使用创成式填充生成大树和小羊的元素，以丰富画面。

6.1.3　生成相似物体

借助"上下文任务栏"中的"创成式填充"指令，只需上传参考图片，便能轻松生成与之类似的图片。

1.　相似物体

即便不借助其他文本提示，也能迅速生成偏好的图像变化形式。本例效果如图 6-13 和图 6-14 所示。

本例制作要点

※　打开素材文件并使用"创成式填充"指令生成葡萄叶子图像。

※　调整描述词生成不同的图像效果，单击"生成类似内容"按钮获取更多图像。

图6-13

图6-14

用户还能借助参考图像，以便更精准地掌控
生成式 AI 的输出结果。只需上传你期望的图像，
系统便能生成与之类似的图像，如图 6-15 所示。

图6-15

本例效果如图 6-16 所示。

图6-16

本例制作要点

※　打开素材文件并选择参考图像。

※　使用"套索工具"框选图像中的书包部分。

※　在"创成式填充"文本框中上传参考图像并生成相似效果。

2.　相似图片

用户可通过上传参考图片，将其作为样式匹配的依据，进而生成与参考图片风格相近的图像，以此
达成风格统一的图像创作目标，具体的操作步骤如下。

01 在"生成图像"面板中，还可以通过添加参考样式生成相似风格的图片，例如在文本框中输入"以
香蕉为主体，旁边还有葡萄、苹果、樱桃，都装在一个白色的盘子里"描述词，选择"艺术"选
项，在"样式参考"框中添加如图6-17所示的参考图像，即可生成相似的图像。

02 设置参数如图6-17所示，生成效果如图6-18所示。

| 图6-17 | 图6-18 |

6.1.4 生成背景

用户可直接在"上下文任务栏"中创建与主体在光照、阴影以及透视方面相匹配的背景。本例的具体效果如图 6-19 所示。

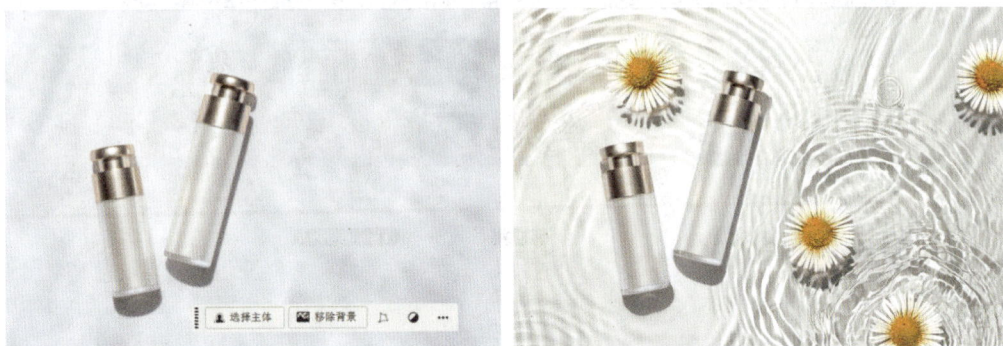

图6-19

本例制作要点

※ 打开素材文件并使用"移除背景"功能移除背景。

※ 输入描述词生成新的背景图像。

※ 生成出带有水波纹和小雏菊图像的背景效果。

6.2 Adobe Firefly：AI 助力设计

Adobe Firefly 是一款独立的 Web 应用程序，用户可通过访问 firefly.adobe.com 网站来使用它，具体界面如图 6-20 所示。该应用程序为人们提供了构思、创作与交流的全新方式，并且借助生成式 AI 显著优化了创意工作流程。

除 Firefly 网站外，Adobe 还拥有更为广泛的 Firefly 系列创意生成式 AI 模型。同时，在 Adobe 的旗舰应用程序以及 Adobe Stock 中，也集成了由 Firefly 提供支持的各类功能。

Firefly 是 Adobe 公司在过去 40 年技术发展历程中的自然延伸。其背后的核心理念在于，人们应当具备将自身创意想法精准转化为现实的能力。

图6-20

在"主页"中，能够看到"文字生成图像""生成式填充""生成模板""生成矢量""生成式重新着色""文字效果"这6项功能，分别如图6-21和图6-22所示。

图6-21

图6-22

在Adobe Firefly的图库面板（Library Panel）中，如图6-23所示，用户能够对使用生成式AI创建的内容进行管理。该面板的主要用途如下。

※　内容保存与管理：用户可将生成的图像、视频或设计保存至Creative Cloud Libraries，从而方便在不同设备间进行访问与管理。如此一来，无论是在Firefly中，还是在其他Adobe应用程序（如Photoshop或Illustrator）中，都能轻松调用这些素材。

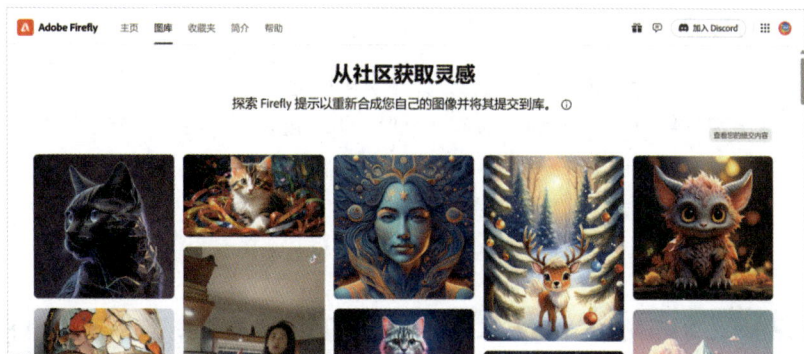

图6-23

※ 作品分享：库中的内容可直接分享给团队或社区，有助于团队协作。此外，Firefly 支持与 Adobe Creative Cloud 实现无缝整合，能让创意团队更高效地共享素材。

※ 灵感素材浏览：用户可以浏览 Firefly 提供的预设灵感图片库。这些图片均为示例作品，能够为用户的创作提供启发，且不会消耗用户的生成式 AI 使用额度。

※ 本地控制与编辑：用户能够从图库中直接打开内容进行二次编辑，例如调整样式或扩展内容，以此确保创作过程具备灵活性。

通过图库面板，Adobe Firefly 为创作者打造了一款集中式的资源管理工具，极大地提高了工作流效率，增强了跨平台协作能力。

在 Adobe Firefly 中，"收藏夹"的主要功能是助力用户快速访问他们标记为重要内容或灵感来源的生成素材与参考资料，如图 6-24 所示。其具体用途如下。

图6-24

※ 保存关键作品：用户能够将生成的图像、效果或其他创意作品标记为"收藏"，以便后续快速查找与参考。这对于重复使用或进一步优化这些内容而言，尤为适用。

※ 灵感管理：用户可以把在灵感流中看到的示例作品（如风格、构图等）添加到收藏夹，方便在未来的创作中借鉴或调整。

※ 快速整理和访问："收藏夹"为用户开辟了一个专属空间，用于集中存放需要优先查看或使用的内容，用户无须每次都从图库中搜索。

※ 跨项目协作：在团队协作过程中，收藏夹中的内容可以导出或分享给其他创作者，为团队提供统一的参考和方向。

借助收藏夹，Adobe Firefly 帮助用户高效管理灵感与创作素材，提升了创意工作的连贯性与效率。

6.2.1　文字生成图像：从文本描述生成图像

Adobe Firefly 的"文字生成图像"功能是一项强大的生成式 AI 工具，它能够让用户凭借简洁的文本描述，迅速创建出定制化的图像。该功能整合了创新的 AI 技术，适用于各类创意工作流。具体的操作步骤如下。

01 进入 firefly.adobe.com 网站，下拉页面后单击"文字生成图像"中的"生成"按钮，如图6-25所示。

02 进入如图6-26所示的页面中，在提示框中输入要生成图像的描述词。

图6-25

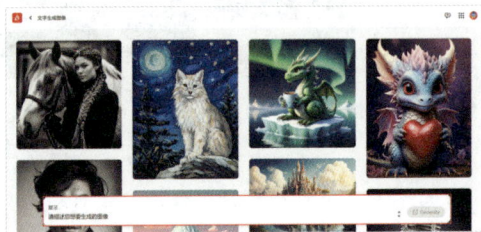

图6-26

03 在页面中能够看到一些其他生成的图像，将鼠标指针放置在图片上，将会显示该图像的描述词和"查看"按钮，如图6-27所示。

04 单击"查看"按钮后，进入如图6-28所示的页面，其中可查看图片生成的描述词和具体参数。

图6-27

图6-28

05 在提示框中输入如下描述："一个古色古香的冬季村庄，屋顶被皑皑白雪覆盖，温暖的光芒从窗户透射进来，树木上点缀着秋天的树叶。场景里包含鹅卵石街道，街道通向带有大型彩色玻璃窗的小房子。在背景中，一座古老的教堂尖塔高高地耸立在夜空中，一条小路在飘落的雪花中通向它。这幅风景如画的画作捕捉到了新英格兰圣诞节那舒适迷人的魅力，采用印象派风格，有着大而明显的笔触"，如图6-29所示。之后会生成4张图片，如图6-30所示。

图6-29

图6-30

06 单击任意图片即可将其放大查看。在放大的模式下，可以对图片进行进一步的编辑与优化，包括调整细节、修改特定区域或放大图片尺寸，以满足更高的需求。

07 单击其中一张图片进行放大，在其中能修改或放大图片，如图6-31所示。生成的效果如图6-32所示。

图6-31

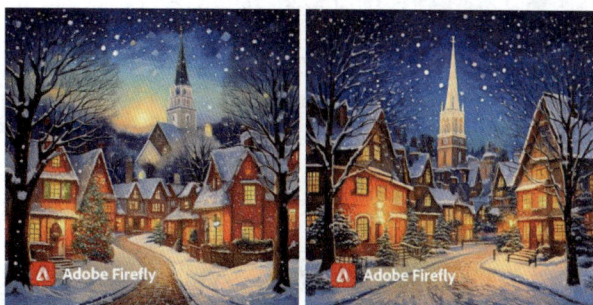

图6-32

在页面左侧会出现用于调整图像的选项，可以借助以下选项对生成的图像进行优化，如图6-33所示。其中的主要选项含义如下。

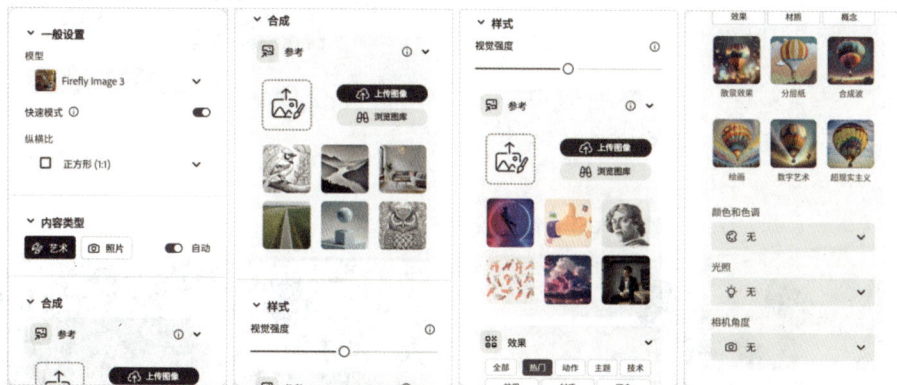

图6-33

※ 纵横比：用于自定义图像的宽高比，例如16:9、1:1等常见比例。

※ 合成：用于确定图像的构图与布局方式。

※ 样式：用于为图像赋予特定的艺术风格或视觉表现形式。

※ 效果：用于为图像添加特定的风格效果。

6.2.2 生成式填充：智能填充背景与细节

用户能够凭借文字描述对图片展开编辑操作，比如添加、替换或者移除图片中的元素。这一功能在照片修饰以及创造全新场景时极为实用。具体的操作步骤如下。

01 进入firefly.adobe.com网站，下拉页面单击"生成填充"中的"生成"按钮，如图6-34所示。

02 进入如图6-35所示的页面，上传需要扩展的图像。

03 上传一张图片，如图6-36所示，单击面板左侧的"插入"按钮，在图片下方进行涂抹，并在提示文本框中输入"苹果"描述词。

04 单击"生成"按钮，即可生成3张图片，如图6-37所示，选择一张比较满意的图片，单击"保留"按钮，若要得到更好的图片效果，可以单击"取消"按钮，并重新生成。

图6-34

图6-35

图6-36

图6-37

05 单击下方的"选择背景"按钮，可快速地去除背景，在提示文本框中输入"动物园，假山背景"描述词，如图6-38所示。

06 单击"生成"按钮，生成的图片效果如图6-39所示。

图6-38

图6-39

07 在页面左侧单击"删除"按钮，涂抹竹子部分后，单击"删除"按钮，如图6-40所示。删除后的图像效果如图6-41所示。

图6-40

图6-41

08 单击页面左侧的"扩展"按钮，可对图像进行扩展填充，如图6-42所示。

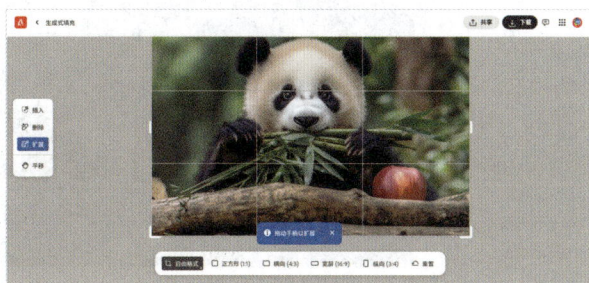

图6-42

09 单击下方的"正方形（1:1）"按钮，即可将图像扩展为正方形，如图6-43所示。在此过程中，可输入关键词优化生成效果，或者直接生成默认的扩展结果，以实现更灵活的图像调整需求。

10 单击"生成"按钮，可出现3个图像选项，如图6-44所示。扩展效果如图6-45所示。

图6-43　　　　　　　　　　　　图6-44　　　　　　　　　　　　图6-45

6.2.3　模板生成：快速生成可编辑的模板

　　"模板生成"功能可凭借简洁的文字描述，迅速创建出可编辑的设计模板，广泛适用于多种设计场景，如海报设计、卡片制作、社交媒体图文创作等，具体的操作步骤如下。

01 进入 firefly.adobe.com 网站，下拉页面单击"生成模板"按钮，如图6-46所示。

02 进入如图6-47所示页面，上传需要制作的图像。

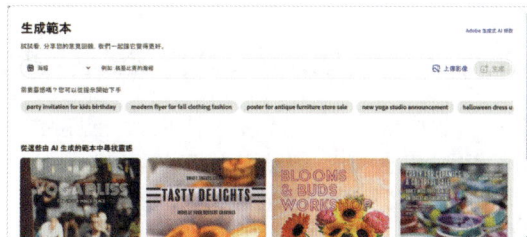

图6-46　　　　　　　　　　　　　　　　　　　　　图6-47

03 在页面中还能生成各种类型的模板，如图6-48所示，可根据需要进行选择。

04 选择"海报"选项，上传一张素材图片，如图6-49所示。

05 在文本框中输入想要的设计风格或主题描述：fun bake sale（有趣的烘焙义卖）。描述越详细，生成结果越符合要求，如图6-50所示。

図6-48

図6-49

06 单击右侧的"生成"按钮，即可生成4个海报模板，如图6-51所示。

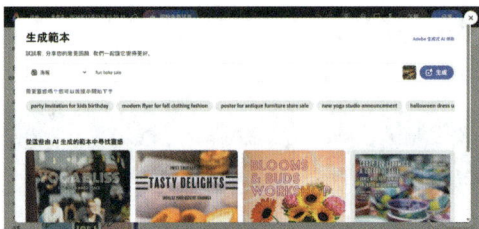

图6-50

图6-51

07 选择一个满意的模板，如图6-52所示。单击进入调整页面中，如图6-53所示，选择满意的模板后，根据需求修改文字、图片、字体、颜色等元素。模板支持自由调整，确保符合品牌或个人偏好。

图6-52

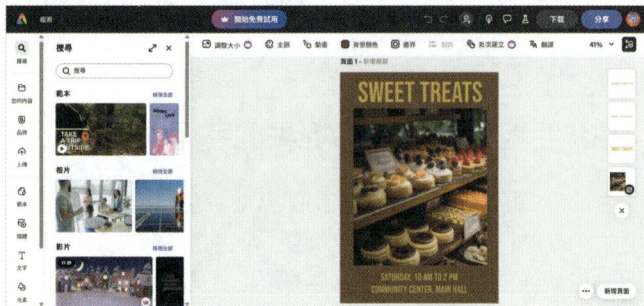

图6-53

6.2.4 矢量生成：从文本生成矢量图形

　　"矢量生成"功能可依据文本提示，直接生成可编辑的矢量图形，十分适用于创建高分辨率且可无限缩放的插图与设计素材。如图 6-54 所示，在 firefly.adobe.com 网站中，无法直接生成矢量图，需借助 Adobe Illustrator 开展进一步的编辑生成操作。

图6-54

　　启动 Adobe Illustrator，执行"窗口"→"上下文任务栏"命令，在画布上显示"上下文任务栏"，一键即可访问最常用的后续操作选项，以便快速完成下一步操作，如图6-55所示。

图6-55

"上下文任务栏"会展示与所选对象相关的后续操作选项，使用户可以更迅速地达成创意目标，还能探索有趣的工作流程。值得一提的是，该功能的使用方法及功能设计与 Photoshop 中的"上下文任务栏"高度相似，具体操作如下。

01 启动Illustrator 2025，单击"新文件"按钮，调出"新建文档"面板，创建文档。

02 选择"矩形工具" ▭，创建一个矩形，以定义图形的大小，如图6-56所示。

03 执行"窗口"→"上下文任务栏"命令，调出"上下文任务栏"，如图6-57所示。

图6-56

图6-57

04 单击"生成矢量"按钮后，在文本框中输入"树叶"提示词，再单击"生成"按钮，即可生成出一张矢量图片，如图6-58所示。

05 如果没有生成满意的效果图，可以多次单击"生成"按钮，每次生成3幅图像，可以切换查看，如图6-59所示。

图6-58

图6-59

6.2.5　重新着色：调整矢量插图的颜色

"重新着色"功能可针对已有的矢量图片，让用户借助 AI 重新定义其配色方案，从而快速实现配色风格的转换。

如图 6-60 所示，在 firefly.adobe.com 网站中，无法直接进行生成式重新着色操作，需要借助 Adobe Illustrator 开展进一步的编辑工作。具体的操作步骤如下。

图6-60

01 在"上下文任务栏"中生成矢量图形，出现"重新着色"选项卡，可根据设计需要来调整该矢量图形，如图6-61所示。

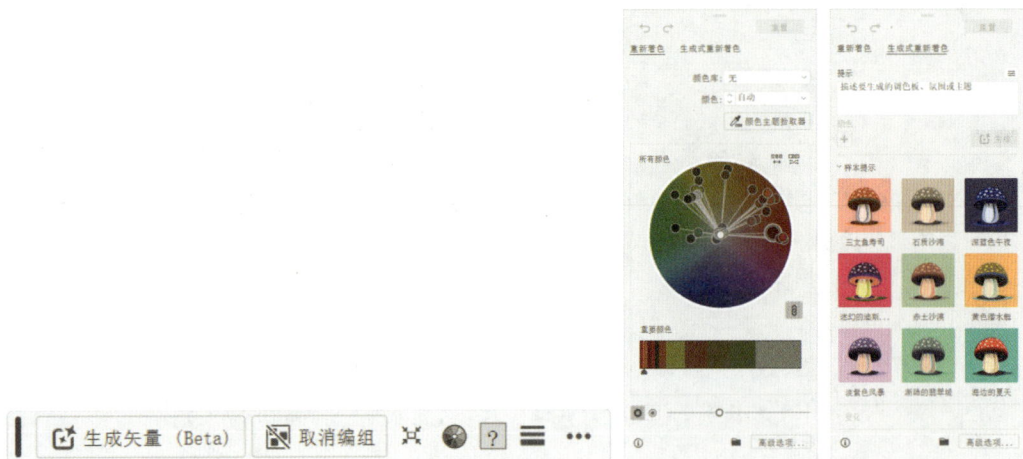

图6-61

02 单击"重新着色"选项卡，在其中能够调整该矢量图的色彩，如图6-62所示。

03 在"生成式重新着色"面板中，如图6-63所示，可以选择使用系统提供的现成样本提示，也可以自定义输入提示词以生成符合需求的配色方案，从而实现灵活高效的设计调整。

图6-62

04 单击"样本"中的"渐隐的翡翠城"按钮，如图6-63所示，一次将生成4个配色方案，生成的配色效果如图6-64所示。

05 还可以在提示框中输入自定义的配色提示词，例如"深紫色的神秘感"，然后单击"生成"按钮，系统将根据提示生成相应的配色方案，如图6-65所示。

图6-63

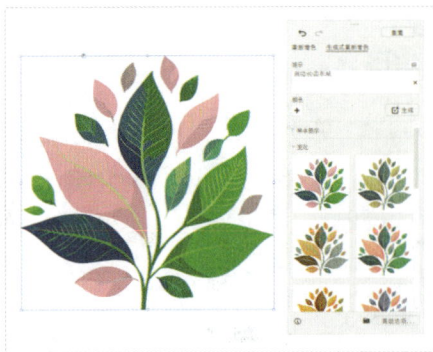

图6-64

图6-65

6.2.6 文字效果：AI加持的个性化文字效果

"文字工具"功能可让用户创建以文字为核心要素的设计作品，如海报、社交媒体图形等。借助AI，该工具能依据用户输入的提示词，迅速生成模板或提供设计建议，进而简化设计流程。具体的操作步骤如下。

01 进入 firefly.adobe.com网站，下拉页面单击"文字效果"按钮，如图6-66所示。

02 进入如图6-67所示的页面，在其中可添加需要创作的文字。

图6-66

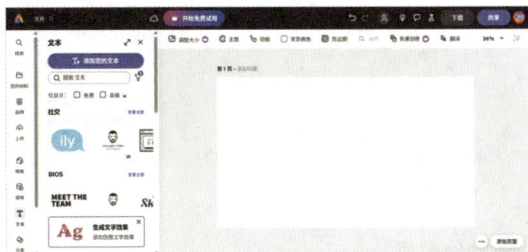

图6-67

03 输入mercury文字，选择页面左侧的"生成文字效果"选项，如图6-68所示。

04 文本框中输入希望创建文字的效果描述词：Liquid mercury，按Enter键后即可生成4个样式供选择，如图6-69所示。

图6-68

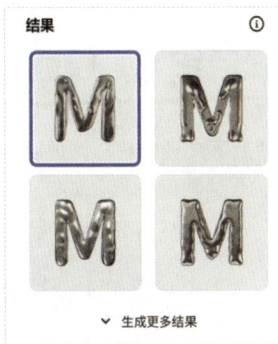

图6-69

05 选择其中一个效果样式，效果如图6-70所示。

06 在页面右侧提供了各种调节文字样式的选项，可调整字体的颜色、布局或文字效果，以满足具体需求。调整完成后，单击页面右上角的"下载"按钮，选择文件格式后即可导出图片，如图6-71所示。

图6-70

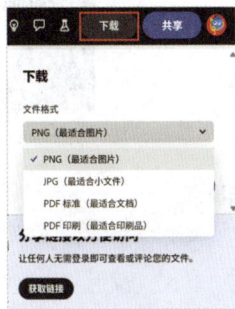

图6-71

6.3 应用练习：装饰小狗客厅

本例将利用创成式填充功能，为一张空旷的客厅图片添加丰富的装饰效果，如图 6-72 所示。

图6-72

本例制作要点

※ 导入小狗图片，使用创成式填充功能添加狗粮、玩具球、沙发、地毯、绿植、垃圾桶等元素，丰富画面内容。

※ 利用选框工具和创成式填充为小狗生成多个玩具并为其添加项圈。

※ 完成整体布局调整，最终呈现完整的场景设计效果。

6.4 课后练习：唤醒时光记忆

使用"上下文任务栏"，可以帮助我们对损坏的老照片进行修复，并且通过 Neural Filters 中的"着色"功能还原画面的色彩，如图 6-73 所示。

图6-73

本例制作要点

※ 利用"照片恢复"和"着色"滤镜，增强老照片的清晰度和颜色。

※ 通过"创成式填充"功能补全残缺区域，提升画面完整性。

※ 使用"修补工具"修复图像缺陷，并通过调整图层优化整体效果。

6.5 复习题：快速换装

在图像上创建选区，然后在"上下文任务栏"中输入描述词，即可按照提示文字执行生成操作，效果如图 6-74 所示。

图6-74

第7章
摄影后期：调整颜色与色调

Photoshop 具备强大的颜色调整能力。借助 Photoshop 中的"曲线""色阶"等命令，能够轻松调整图像的色相、饱和度、对比度和亮度，修正存在色彩失衡、曝光不足或曝光过度等问题的图像。此外，它甚至可以为黑白图像上色，还能调出光怪陆离的特殊图像效果。

7.1 摄影与后期处理

摄影，指的是运用特定专用设备来记录影像的过程。通常情况下，我们会借助机械相机或数码相机开展摄影活动。有时，摄影也被称作照相，其本质是通过物体发射或反射的光线，让感光介质得以曝光，从而形成影像。借助后期处理技术，能够对摄影作品进行二次创作，营造出丰富多样的艺术效果。

7.1.1 摄影分类

摄影大致可分为若干类别，如人物摄影、静物摄影、商业摄影以及记录摄影等。下面将介绍常见的摄影类别。

1. 人像摄影

人像摄影是以人物为主要创作对象的摄影形式，如图 7-1 所示。人像摄影与一般的人物摄影有所区别，人像摄影将刻画与表现被摄者的具体相貌和神态作为首要创作任务。尽管有些人像摄影作品也蕴含一定的情节，但它仍以展现被摄者的相貌为主。其拍摄形式可分为胸像、半身像、全身像。

2. 静物摄影

静物摄影与人物摄影、景物摄影相比，是以无生命、可人为自由移动或组合的物体为表现对象的摄影形式，如图 7-2 所示。其拍摄题材多为工业或手工制成品、自然存在的无生命物体等。静物摄影在真实反映被摄体固有特征的基础上，经过创意构思，并结合构图、光线、影调、色彩等摄影手段进行艺术创作，将拍摄对象呈现为具有艺术美感的摄影作品。

图7-1

图7-2

3. 商业摄影

商业摄影，顾名思义，是指用于商业用途的摄影活动，如图7-3所示。从狭义上讲，它就是商业摄影；从广义上讲，它是为发布商品或撰写故事等进行的摄影类型，这类摄影在当下的摄影活动中极为重要。商业摄影是为商业利益而存在的，需要按照企业要求进行拍摄，创作上相对较为受限。

4. 记录摄影

记录摄影是指以记录为首要目的，对客观事物进行真实影像反映的图片摄影，其成果为影像记录作品，如图7-4所示。影像记录作品包括影像新闻作品和影像纪实作品。记录摄影的首要目的在于记录（可能并非唯一目的），其前提是尊重客观真实，拍摄对象是客观事物的表象，记录方式是通过摄影再现影像。记录摄影可分为新闻摄影和纪实摄影。

图7-3

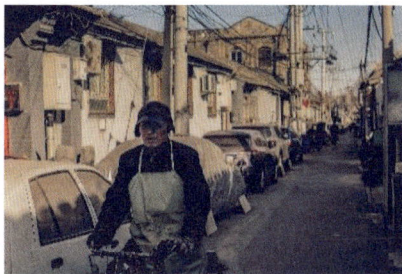

图7-4

7.1.2 图像后期处理

借助后期处理软件（如 Photoshop）对图像开展再创作，比如对色彩饱和度、色相、色温，以及对比度、亮度等参数进行调整，能够改变图像的显示效果。

在实际拍摄中，若拍摄条件不佳或者拍摄技术不够娴熟，所得到的拍摄成果往往难以令人满意。而利用软件进行处理，能够解决大部分问题，让图像呈现更好的效果。

Photoshop 作为主流的图像处理软件，能够有效地修正图像存在的瑕疵，是设计行业中不可或缺的重要设计工具。

7.2 图像的颜色模式

颜色模式是一种将颜色转化为数据的方式，它能让颜色在多种媒体中得到统一描述。Photoshop所支持的颜色模式主要有 CMYK、RGB、灰度、双色调、Lab、多通道和索引颜色模式等，其中较为常用的是 CMYK、RGB、Lab 颜色模式。不同的颜色模式具有不同的作用和优势。

颜色模式不仅会影响可显示颜色的数量，还会对图像的通道数以及图像的文件大小产生影响。本节将对图像的颜色模式展开详细介绍。

7.2.1 查看图像的颜色模式

查看图像的颜色模式并了解图像属性，有助于便捷地对图像开展各类操作。若要查看，可进入"图像"→"模式"子菜单，被选中的选项即为当前图像所采用的颜色模式，如图7-5所示。此外，还能直接在图像的标题栏中查看图像的颜色模式，如图7-6所示。

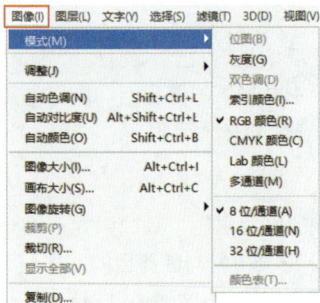

图7-5

图7-6

7.2.2　添加复古色调：冬日布达拉宫

在本例中，将把 RGB 颜色模式的图像转换为 Lab 颜色模式的图像，以此制作出复古色调的效果。具体的操作步骤如下。

01 启动Photoshop，按快捷键Ctrl+O，打开相关素材中的"冬日布达拉宫.jpg"文件，如图7-7所示。

02 执行"图像"→"模式"→"Lab颜色"命令，将图像转换为Lab颜色模式。

03 执行"窗口"→"通道"命令，调出"通道"面板，在该面板中选择"a通道"（即图7-8中显示的a通道），然后按快捷键Ctrl+A全选通道内容，如图7-8所示。

图7-7

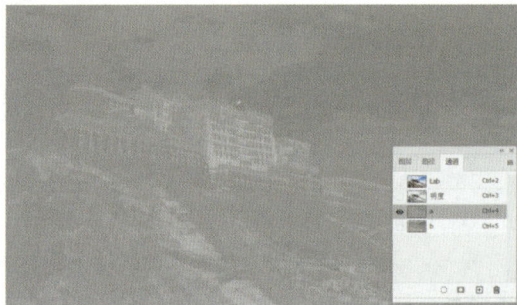

图7-8

04 按快捷键Ctrl+C复制选区内容，选择"b通道"，按快捷键Ctrl+V粘贴选区内容。

05 按快捷键Ctrl+D取消选区，按快捷键Ctrl+2，切换到复合通道，得到如图7-9所示的图像效果。

图7-9

7.3　调整命令

"图像"菜单中包含一系列用于调整图像色彩和色调的命令。在最基础的调整命令中，"自动色调""自动对比度"和"自动颜色"命令能够自动对图像的色调或色彩进行调整；而"亮度/对比度"和"色彩平衡"命令则可通过对话框来实现调整操作。

7.3.1 调整命令的分类

在"图像"→"调整"子菜单中包含用于调整图像色调和颜色的各类命令，如图 7-10 所示。其中，部分常用命令被集成在"调整"面板中，如图 7-11 所示。

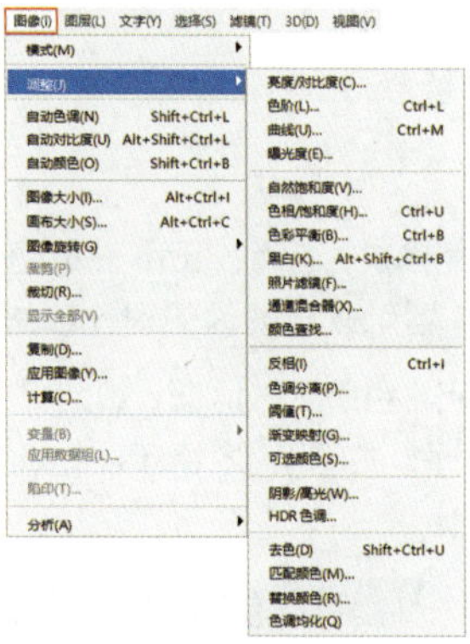

图7-10

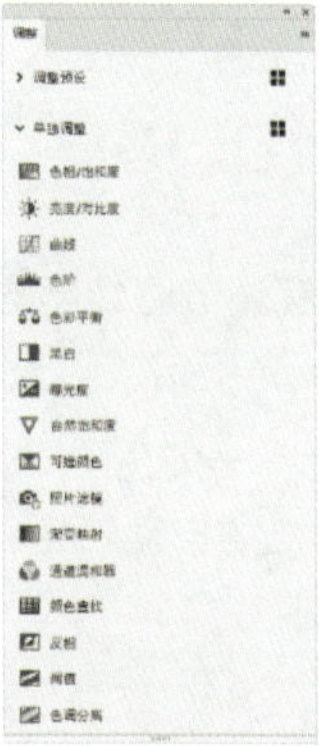

图7-11

调整命令主要分为以下几种类型。

※ 调整颜色和色调的命令："色阶"与"曲线"命令可用于对图像的颜色和色调进行调整；"色相/饱和度"和"自然饱和度"命令主要用于调整图像的色彩；"阴影/高光"和"曝光度"命令则仅能对图像的色调进行调整。

※ 匹配、替换和混合颜色的命令："匹配颜色""替换颜色""通道混合器"以及"可选颜色"命令，可用于实现多个图像之间的颜色匹配、替换指定的颜色，或者对颜色通道进行调整。

※ 快速调整命令："自动色调""自动对比度"和"自动颜色"命令能够自动调整图片的颜色和色调，操作简便，适合初学者使用；"照片滤镜""色彩平衡"和"变化"命令可用于调整色彩，其使用方法简单直观；"亮度/对比度"和"色调均化"命令则用于调整图像的色调。

※ 应用特殊颜色调整命令："反相""阈值""色调分离"和"渐变映射"属于特殊的颜色调整命令，它们分别可用于将图片转换为负片效果、将图像简化为黑白图像、分离图像色彩，以及用渐变颜色替换图片中原有的颜色。

7.3.2 亮度/对比度

"亮度/对比度"命令可用于调节图像的亮度和对比度，不过它仅适用于对图像进行粗略调整。在进行调整时，可能会出现图像细节丢失的情况。因此，对于追求高端输出效果的场景，建议使用"色阶"或"曲线"命令来进行调整。

下面以实际操作进行说明。先打开一张图像，如图 7-12 所示。执行"图像"→"调整"→"亮度/对比度"命令，弹出"亮度/对比度"对话框。在该对话框中，向左拖曳滑块能够降低图像的亮度和对比度，向右拖曳滑块则可以增加图像的亮度和对比度，如图 7-13 所示。

> **延伸讲解：** 在"亮度/对比度"对话框中，选中"使用旧版"复选框后，能够获得与Photoshop CS3及之前版本一致的调整效果，也就是进行线性调整。需要留意的是，旧版调整方式下图像的对比度会更强，但同时也会导致图像细节丢失得更多。

图7-12 图7-13

7.3.3 色阶

运用"色阶"命令能够调节图像阴影、中间调的强度层次,进而校正图像的色调范围与色彩平衡。"色阶"命令常被用于修正曝光不足或曝光过度的图像,并且可以对图像的对比度进行调整。

执行"图像"→"调整"→"色阶"命令,此时会弹出"色阶"对话框,如图7-14所示。在该对话框中,单击"自动"按钮,会弹出"自动颜色校正选项"对话框,如图7-15所示。在此对话框中设置各项参数,即可快速调整图像的色调。

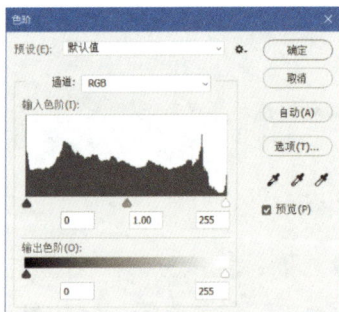
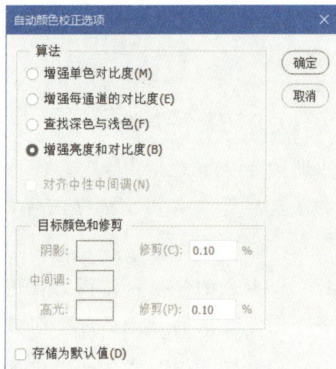

图7-14 图7-15

答疑解惑: 当需要同时编辑多个颜色通道时,可在执行"色阶"命令前,按住Shift键,在"通道"面板中选中这些通道。如此一来,"色阶"对话框中的"通道"菜单便会显示目标通道的缩写,比如,RG代表红色和绿色通道。

7.3.4 曲线

与"色阶"命令类似,"曲线"命令同样能够调整图像的整个色调范围。不过,二者存在明显差异,"曲线"命令并非借助3个变量(高光、阴影、中间色调)来开展调整工作,而是运用调节曲线的方式。该曲线最多可添加14个控制点,这使得使用"曲线"命令进行调整时更为精确、细致。

若要执行"曲线"命令,可执行"图像"→"调整"→"曲线"命令,也可按快捷键 Ctrl+M,此时会弹出"曲线"对话框,如图 7-16 所示。

答疑解惑: 在调整图像的过程中,怎样才能避免产生新的色偏呢?当运用"曲线"和"色阶"命令来增强彩色图像的对比度时,往往会同时提高色彩的饱和度,进而致使图像出现色偏现象。为避免此类情况发生,可以采用"曲线"和"色阶"调整图层来实施调整操作,之后将调整图层的混合模式设定为"明度"即可。

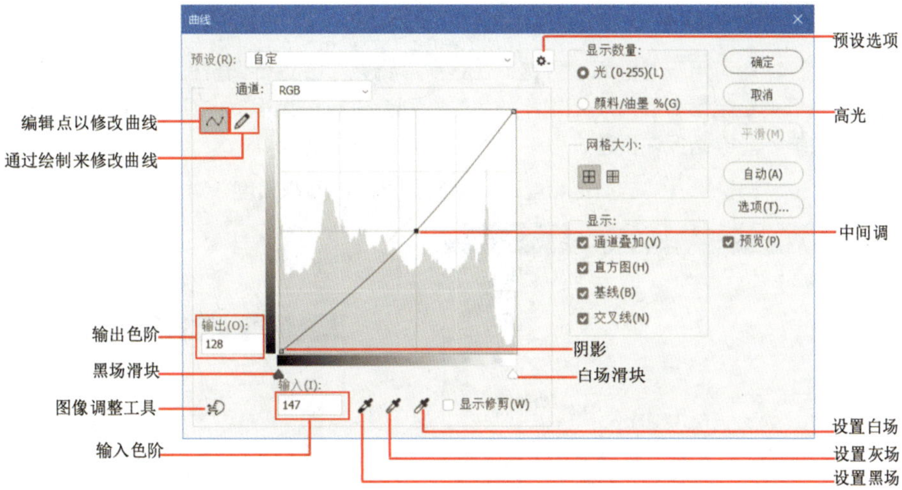

图7-16

7.3.5　曲线命令：天气晴朗

本例将通过对"曲线"命令中的各个颜色通道进行调整，来提升画面的亮度，并改变画面的色相。本例的最终效果如图 7-17 所示。

图7-17

本例制作要点

※　打开素材文件并调整图像对比度。

※　调整 RGB 通道，平衡红色、绿色、蓝色。

※　修改图像的色偏，使画面更加明亮。

7.3.6　曝光度

"曝光度"命令可用于模拟相机内部的曝光处理过程，它常被用于调整曝光不足或曝光过度的照片。执行"图像"→"调整"→"曝光度"命令，会弹出"曝光度"对话框，如图 7-18 所示。

延伸讲解： 在"曝光度"对话框中，"吸管工具"分别具备在图像中取样以设定黑场、灰场和白场的功能。鉴于曝光度的工作原理是基于线性颜色空间的，并非借助当前颜色空间进行计算调整，所以它仅能够对图像的曝光度进行调整，而无法对色调做出改变。

7.3.7　自然饱和度

　　"自然饱和度"命令可用于对画面进行选择性饱和度调整。在进行调整操作时，它会针对已接近完全饱和的色彩，降低调整幅度；而对于不饱和的色彩，则会进行较大程度的调整。此外，该命令还具备保护皮肤肤色的功能，能够确保在调整过程中，肤色不会变得过度饱和。

　　执行"图像"→"调整"→"自然饱和度"命令，弹出"自然饱和度"对话框，如图7-19所示。

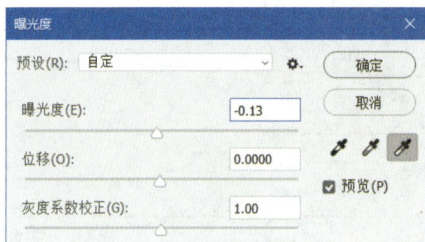

图7-18　　　　　　　　　　　　　　　　图7-19

> **答疑解惑：** 何为"溢色"？显示器的色域（RGB模式）相较于打印机（CMYK模式）的色域更为宽广。这意味着，在显示器上呈现的部分颜色，可能无法通过打印机准确还原。那些无法被打印机精确输出的颜色，便被称作"溢色"。

7.3.8　色相/饱和度

　　"色相/饱和度"命令可用于调整图像中特定颜色分量的色相、饱和度以及亮度，也能够同时调整图像内的所有颜色。此命令在微调CMYK图像颜色方面十分适用，通过调整可使这些颜色处于输出设备的色域范围内。执行"图像"→"调整"→"色相/饱和度"命令，弹出"色相/饱和度"对话框，如图7-20所示。

> **延伸讲解：** 在图像中单击并拖曳鼠标，即可对取样颜色的饱和度进行修改；若按住Ctrl键的同时拖曳鼠标，则能够对取样颜色的色相进行修改。

7.3.9　色彩平衡

　　"色彩平衡"命令可用于改变图像整体的颜色混合情况。在"色彩平衡"对话框中，相互对应的两种颜色互为补色（例如青色与红色）。当提高某种颜色的占比时，其位于另一侧的补色占比就会相应减少。执行"图像"→"调整"→"色彩平衡"命令，弹出"色彩平衡"对话框，如图7-21所示。

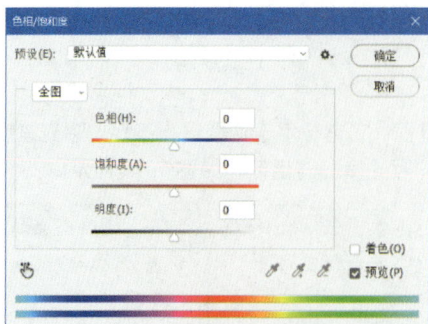
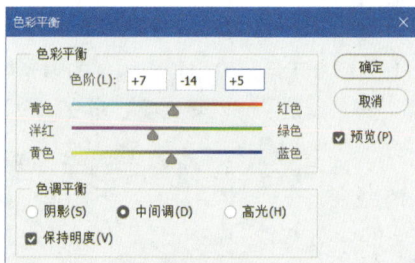

图7-20　　　　　　　　　　　　　　　　图7-21

7.3.10 色彩平衡调整命令：肩部按摩

在调节图像的"色彩平衡"属性时，通过拖曳"色彩平衡"对话框中的滑块，能够在图像中增添或减少相应颜色，进而让图像呈现不同的颜色风格。本节的最终效果如图7-22所示。

图7-22

本例制作要点

※ 打开素材并进行色彩平衡调整。

※ 调整中间调、阴影和高光，以改善图像的整体色彩效果。

※ 精细调整每个部分的颜色，使画面更加和谐。

7.3.11 照片滤镜调整命令：茶卡盐湖的牦牛

"照片滤镜"命令所具备的功能，与传统摄影中的滤光镜的功能相当。它能够模拟在相机镜头前添加彩色滤光镜的效果，以此调整进入镜头光线的色温及色彩的平衡，进而让胶片呈现特定的曝光效果，具体的操作步骤如下。

01 启动Photoshop，按快捷键Ctrl+O，打开相关素材中的"茶卡盐湖的牦牛.jpg"文件，如图7-23所示。

02 执行"图像"→"调整"→"照片滤镜"命令，弹出"照片滤镜"对话框。在"滤镜"下拉列表中选择Blue选项，调整"密度"为30%，选中"保留明度"复选框，如图7-24所示。

图7-23

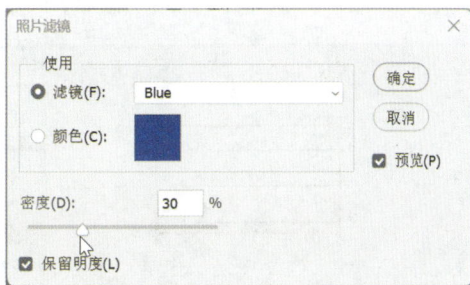

图7-24

03 单击"确定"按钮关闭对话框，得到的图像效果如图7-25所示。

04 在"照片滤镜"对话框中选择暖色调滤镜，如Warming Filter（LBA），画面显示为暖色调效果，如图7-26所示。

> **延伸讲解：** 在定义照片滤镜的颜色时，既可以选择自定义滤镜，也能够从预设中进行挑选。若采用自定义滤镜的方式，需要先选中"颜色"复选框，接着单击色块，随后借助Adobe拾色器来指定滤镜的颜色；若选择预设滤镜，则需要选择"滤镜"选项，然后从下拉列表中选取相应的预设选项。

图7-25　　　　　　　　　　　　图7-26

7.3.12　通道混合器命令：玩玩具的男孩

"通道混合器"命令通过混合存储颜色信息的通道来改变图像颜色。具体的操作步骤如下。

01 启动Photoshop，按快捷键Ctrl+O，打开相关素材中的"坑坑具的男孩.jpg"文件，如图7-27所示。

02 执行"图像"→"调整"→"通道混合器"命令，弹出"通道混合器"对话框，如图7-28所示。

图7-27　　　　　　　　　　　　图7-28

03 在"输出通道"下拉列表中选择"红"选项，然后拖曳滑块调整数值，或者在文本框中直接输入数值，如图7-29所示。单击"确定"按钮，此时得到的图像效果如图7-30所示。

图7-29　　　　　　　　　　　　图7-30

04 在"通道"面板中，可以观察到通道调整前后的变化，如图7-31所示。

> **延伸讲解：** 运用"通道混合器"命令，既能够把彩色图像转变为单色图像，也可以将单色图像转换为彩色图像。

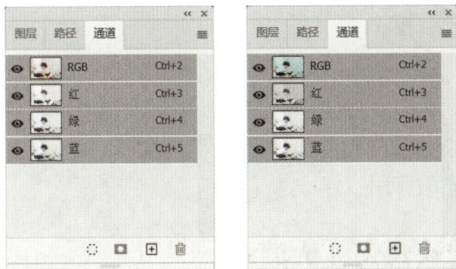

图7-31

7.3.13　阴影 / 高光命令：养生馆

"阴影 / 高光"命令适用于校正因强逆光拍摄而形成剪影效果的照片，也能校正因拍摄对象距离闪光灯过近而出现局部发白的问题。下面将运用"阴影 / 高光"命令对逆光剪影照片进行调整，以重现阴影区域的细节，具体的操作步骤如下。

01 启动Photoshop，按快捷键Ctrl+O，打开相关素材中的"养生馆过道.jpg"文件，如图7-32所示。

02 执行"图像"→"调整"→"阴影/高光"命令，弹出"阴影/高光"对话框，如图7-33所示。

图7-32

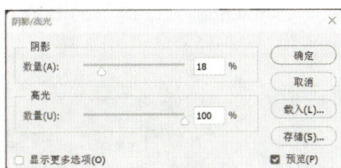

图7-33

03 在"阴影/高光"对话框中选中"显示更多选项"复选框，可显示更多调整参数。接着，在该对话框中拖动滑块，分别调整图像高光区域和阴影区域的亮度，如图7-34所示。

04 完成后单击"确定"按钮，关闭对话框，调整后得到的图像效果如图7-35所示。

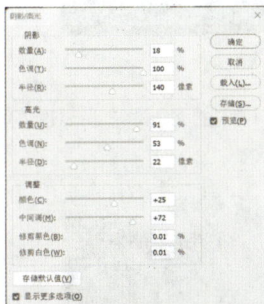

图7-34

图7-35

延伸讲解： 当对图像进行调整以提亮其中的黑色主体时，若中间调或较亮区域的变化幅度过大，可尝试减小阴影的"数量"值，这样图像中仅最暗的区域会变亮；然而，若需要同时提亮阴影和中间调区域，则需要将阴影的"数量"值增大至100%。

7.4 应用特殊调整命令

"去色""反相""色调均化""阈值""渐变映射"以及"色调分离"等命令能够改变图像中的颜色或亮度,它们主要用于营造特殊的颜色和色调效果,通常不用于颜色校正。本节将通过具体案例,详细讲解几种常用特殊调整命令的应用方法。

7.4.1 黑白命令:现代建筑商业大厦

"黑白"命令可用于把彩色图像转换为黑白图像。该命令的控制选项能够分别对红、黄、绿、青、蓝、洋红这 6 种颜色的亮度值进行调整,进而制作出高品质的黑白照片,具体的操作步骤如下。

01 启动Photoshop,按快捷键Ctrl+O,打开相关素材中的"现代建筑商业大厦.jpg"文件,如图7-36所示。

02 执行"图像"→"调整"→"黑白"命令,弹出"黑白"对话框,如图7-37所示。

图7-36

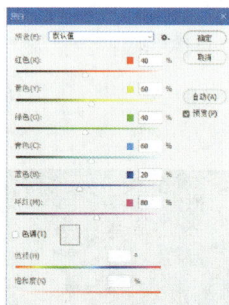

图7-37

03 默认情况下,在"预设"下拉列表中自动选择"默认值"选项,图像的黑白效果如图7-38所示。

04 选择其他模式,如"红外线",此时图像的效果如图7-39所示。

图7-38

图7-39

05 在"黑白"对话框中选中"色调"复选框,对图像中的灰度应用颜色,图像效果如图7-40所示。

06 设置"色相"值为211,"饱和度"值为62,调整颜色后的图像效果如图7-41所示。

图7-40

图7-41

延伸讲解： "黑白"对话框可视为"通道混合器"与"色相/饱和度"对话框的综合体，其操作原理和方法相似。按住 Alt 键并单击某个色卡，能够将单个滑块恢复到初始设置。此外，当按住 Alt 键时，对话框中的"取消"按钮会变成"复位"按钮，单击"复位"按钮即可将所有颜色滑块复位。

7.4.2 渐变映射命令：山峰与向日葵

"渐变映射"命令可将彩色图像转换为灰度图像，随后用预设的渐变色来替换图像中的各级灰度。若指定的是双色渐变，图像中的阴影部分会映射到渐变填充的一个端点颜色，高光部分则映射到另一个端点颜色，而中间调会映射为两个端点颜色之间的渐变效果，具体的操作步骤如下。

01 启动Photoshop，按快捷键Ctrl+O，打开相关素材中的"山峰与向日葵.jpg"文件，如图7-42所示。

02 执行"图像"→"调整"→"渐变映射"命令，弹出"渐变映射"对话框，如图7-43所示。

图7-42

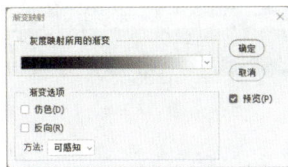

图7-43

03 为图像应用默认的渐变映射样式，效果如图7-44所示。

04 在"渐变映射"对话框中选中"反向"复选框，更改渐变映射的显示效果，如图7-45所示。

图7-44

图7-45

05 在"灰度映射所用的渐变"下拉列表中，选择"灰色"文件夹中的"灰色_09"样式选项，如图7-46所示。

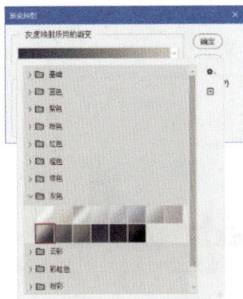

图7-46

7.4.3　去色命令：热带椰树大道

使用"去色"命令能够去除图像的颜色，使彩色图像转变为黑白图像，同时不会改变图像的颜色模式，具体的操作步骤如下。

01 启动Photoshop，按快捷键Ctrl+O，打开相关素材中的"热带椰树大道.jpg"文件，如图7-47所示。

02 执行"图像"→"调整"→"去色"命令，或者按快捷键Shift+Ctrl+U，可对图像进行去色处理，效果如图7-48所示。

图7-47　　　　　　　　　　　　　　　　图7-48

> **延伸讲解：** "去色"命令仅针对当前图层或图像中选定的区域进行颜色去除操作，不会改变图像的颜色模式。在处理多层图像时，"去色"命令的作用范围仅限于所选图层。该命令常用于将彩色图像转换为黑白图像。若直接对图像执行"图像"→"模式"→"灰度"命令，虽然可将图像直接转换为灰度效果，但当源图像的深浅对比度较小而颜色差异较大时，转换效果往往不佳；若先将图像去色，再转换为灰度模式，则能保留更多的图像细节。

7.4.4　阈值命令：观察飞禽标本

"阈值"命令可将灰度图像或彩色图像转换为高对比度的黑白图像。使用该命令时，能够指定某个色阶作为阈值，所有亮度高于该值色阶的像素会被转换为白色，而所有亮度低于该阈值色阶的像素则会被转换为黑色，进而得到纯黑白图像。通过运用"阈值"命令，可调整出具有特殊艺术效果的黑白图像，具体的操作步骤如下。

01 启动Photoshop，按快捷键Ctrl+O，打开相关素材中的"观察飞禽标本.jpg"文件，如图7-49所示。

02 执行"图像"→"调整"→"阈值"命令，弹出"阈值"对话框，在该对话框中显示了当前图像像素亮度的直方图，如图7-50所示。

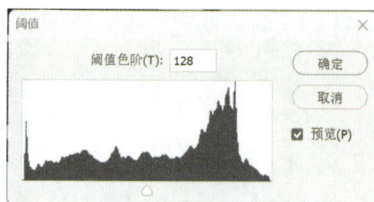

图7-49　　　　　　　　　　　　　　　　图7-50

03 设置"阈值色阶"值为160，如图7-51所示，单击"确定"按钮，得到的图像效果如图7-52所示。

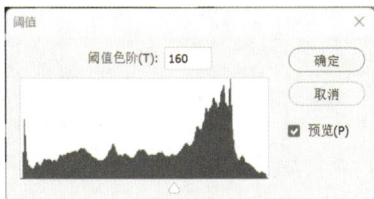

图7-51   图7-52

7.4.5 色调分离命令：秋日落叶下的男孩与猫咪

"色调分离"命令可用于设定图像的色调级数，依据该级数把图像的像素映射至最接近的颜色，具体的操作步骤如下。

01 启动Photoshop，按快捷键Ctrl+O，打开相关素材中的"秋日落叶下的男孩与猫咪.jpg"文件，如图7-53所示。

02 执行"图像"→"调整"→"色调分离"命令，弹出"色调分离"对话框，如图7-54所示。可以拖动"色阶"滑块，或者输入数值来调整图像色阶。

图7-53   图7-54

03 设置"色阶"值为2，得到的图像效果如图7-55所示；设置"色阶"值为7，得到的图像效果如图7-56所示。

图7-55   图7-56

7.5 信息面板

在未进行任何操作的情况下，"信息"面板会显示鼠标指针所在位置的颜色值、文档状态、当前工具的使用提示等信息。当执行诸如更换、创建选区或调整颜色等操作后，面板中便会显示与当前操作相关的各类信息。

7.5.1 使用信息面板

执行"窗口"→"信息"命令，即可调出"信息"面板，如图 7-57 所示。将鼠标指针移至图像上方时，"信息"面板中会显示鼠标指针的精确坐标以及该位置的颜色值，如图 7-58 所示。若颜色超出了 CMYK 色域范围，CMYK 值旁边会呈现一个感叹号。

7.5.2 设置信息面板选项

单击"信息"面板右上角的 ☰ 按钮，在弹出的菜单中选择"面板选项"选项，弹出"信息面板选项"对话框，如图 7-59 所示。

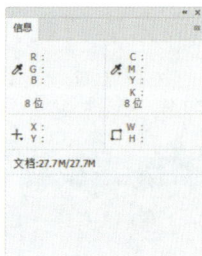

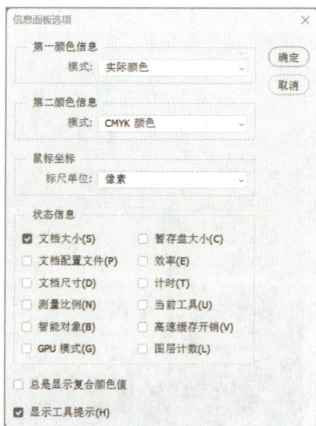

图 7-57　　　　　　　图 7-58　　　　　　　　　　　图 7-59

7.6 应用案例：城市夜景

本例将完成一张黑金效果的城市夜景调整，效果如图 7-60 所示。

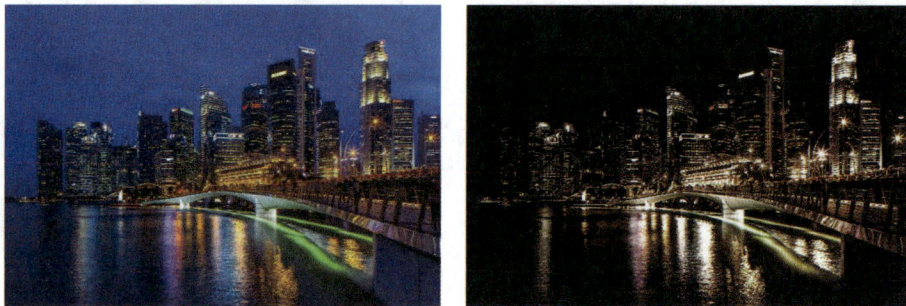

图7-60

本例制作要点

※ 通过"黑白"命令调整并提取高光，增强画面层次感。

※ 多次叠加高光图层，提升画面亮度与光感。

※ 结合"色彩平衡"和"色相/饱和度"调整，突出夜景的艺术色彩。

※ 通过蒙版与"画笔工具"，局部展现色彩点缀效果。

7.7 课后练习——秋日暖阳人像调整

在本例将使用多个调整图层来打造一幅暖色逆光人像，效果如图 7-61 所示。

图7-61

本例制作要点

※ 通过"可选颜色"和"色彩平衡"命令调整，塑造画面的暖黄色调。

※ 利用"亮度/对比度"和"曲线调整"命令，提升画面层次感与视觉冲击力。

※ 通过蒙版技术恢复人物面部自然肤色，确保主观焦点的真实感。

※ 利用渐变与滤色模式，营造柔和的环境光氛围。

7.8 复习题

打开"古镇"文件，执行"图像"→"调整"→"色彩平衡"命令，调整图像色彩。再执行"图像"→"调整"→"曲线"命令，调整图像的对比度，效果如图 7-62 所示。

图7-62

第8章
精修图像：裁剪、修饰、颜色调整、修复

本章将深入介绍 Photoshop 2025 在图像美化与修复方面的强大功能。借助简单直观的操作，用户能够将存在各种缺陷的数码照片处理成精美绝伦的图片。同时，还能依据设计需求，为普通图像增添特定的艺术效果。

8.1 关于图像

图像是对客观对象相似性、生动性的描述或呈现，是人类社会活动中极为常用的信息载体。换言之，图像是客观对象的一种表征形式，其中蕴含着被描述对象的相关信息。它是人们获取信息的主要来源。据相关统计，一个人所获取的信息中，约 75% 来自视觉。

8.1.1 分辨率

图像分辨率指的是图像中存储的信息量，具体表现为每英寸图像所包含的像素点数量，其单位为 PPI（Pixels Per Inch），即像素每英寸。图像分辨率在 Photoshop 中常被用于调整图像的清晰度。

数码图像主要分为两大类：一类是矢量图，又称"向量图"；另一类是点阵图，也称"位图"。矢量图相对简单，它是由大量数学方程创建的，其图形由线条和填充颜色的块面构成，而非由像素组成。因此，对矢量图进行放大或缩小操作时，不会引起图形失真。

点阵图则是通过摄像机、数码相机和扫描仪等设备，采用扫描的方式获取，它由像素组成，并以每英寸的像素数（PPI）来衡量。点阵图具有精细的图像结构、丰富的灰度层次和宽广的颜色阶调。

8.1.2 颜色模式

颜色模式是指将特定颜色以数字形式呈现的模型，也可理解为记录图像颜色的特定方式。常见的颜色模式包括：RGB 模式、CMYK 模式、HSB 模式、Lab 颜色模式、位图模式、灰度模式、索引颜色模式、双色调模式以及多通道模式。

如图 8-1 所示，为 RGB 模式与 CMYK 模式的色环，色环外围标注有相应的颜色值。在 Photoshop 中，通过输入颜色值，即可调用对应的颜色。

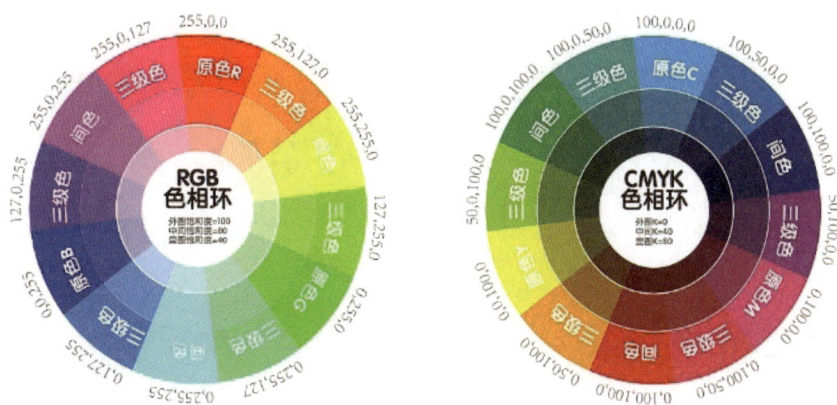

图8-1

8.2 裁剪图像

在处理照片或扫描图像时，常常需要对图像进行裁剪操作，以此去除多余内容，让画面的构图更加完美。在 Photoshop 里，"裁剪工具" 🔲、"裁剪"命令以及"裁切"命令均可用于裁剪图像。

8.2.1 裁剪工具选项栏

使用"裁剪工具"🔲能够对图像进行裁剪，并重新定义画布的大小。在工具箱中选中"裁剪工具"🔲后，在画面上单击并拖动，定义一个矩形定界框，按 Enter 键，定界框之外的图像部分会被裁剪掉，如图 8-2 所示。

图8-2

在工具箱中选择"裁剪工具"🔲后，可以看到如图 8-3 所示的"裁剪工具"选项栏。

图8-3

延伸讲解： 如果要对调两个文本框中的数值，可以单击↔按钮。如果要清除文本框中的数值，可以单击"清除"按钮。

单击工具选项栏中的▦按钮，弹出一个下拉选项菜单，如图 8-4 所示。Photoshop 提供了一系列参考线选项，可以帮助用户进行合理构图，使画面更加艺术、美观。

单击工具选项栏中的⚙按钮，可以调出一个下拉面板，如图 8-5 所示，在其中选择裁剪方式。

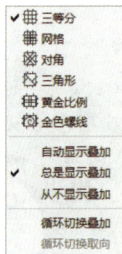

图8-4

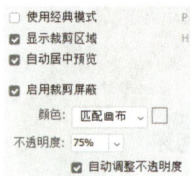

图8-5

8.2.2 裁剪工具：我是主角

下面将以实例的形式，详细讲解"裁剪工具" ⊔的使用方法，具体的操作步骤如下。

01 启动Photoshop，按快捷键Ctrl+O，打开相关素材中的"图书馆.jpg"文件，如图8-6所示。

02 在工具箱中选择"裁剪工具" ⊔，在画面中单击并拖动鼠标，创建一个矩形裁剪框，如图8-7所示。此外，在画面上单击，也可以显示裁剪框。

图8-6

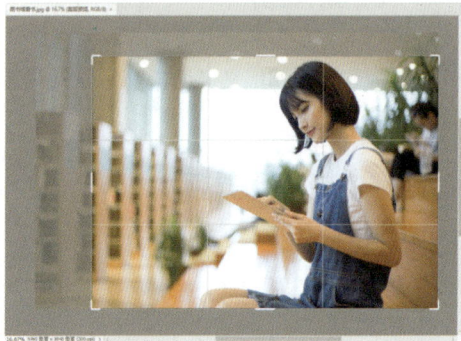

图8-7

03 将鼠标指针放在裁剪框的边界上，单击并拖动鼠标可以调整裁剪框的大小，如图8-8所示。拖曳裁剪框上的控制点，可以缩放裁剪框，按住Shift键并拖曳，可以等比例缩放。

04 将鼠标指针放在裁剪框外，单击并拖动鼠标，可以旋转裁切框，如图8-9所示。

图8-8

图8-9

05 将鼠标指针放在裁剪框内，单击并拖动鼠标可以移动图像，如图8-10所示。

06 完成裁剪框的调整后，按Enter键确认，即可裁剪图像，如图8-11所示。

图8-10

图8-11

8.3 修饰工具

　　修饰工具包括"模糊工具"、"锐化工具"△和"涂抹工具"，使用这些工具，可以对图像的对比度、清晰度进行调整，以创建真实、完美的图像。

8.3.1 模糊工具：玩纸飞机

　　"模糊工具"主要用来对照片进行修饰，通过柔化图像减少图像的细节以达到突出主体的目的，具体的操作步骤如下。

01 启动Photoshop，按快捷键Ctrl+O，打开相关素材中的"玩纸飞机.jpg"文件，如图8-12所示。

图8-12

02 在工具箱中选择"模糊工具"后，在工具选项栏设置合适的笔触大小，并设置"模式"为"正常"，设置"强度"为100%，如图8-13所示。

03 将鼠标指针移至画面人物处，长按鼠标左键并拖动进行反复涂抹，可以看到涂抹处产生模糊效果，如图8-14所示。

图8-13

图8-14

8.3.2 锐化工具：清风拂过白荷花

通过"锐化工具" △ 增大图像相邻像素之间的反差锐化图像，从而使图像看起来更清晰，具体的操作步骤如下。

01 启动Photoshop，按快捷键Ctrl+O，打开相关素材中的"白荷花.jpg"文件，如图8-15所示，可以看到主体的花卉是比较模糊的。

02 在工具箱中选择"锐化工具" △，在工具选项栏设置合适的笔触大小，并设置"模式"为"正常"，设置"强度"为50%，然后对花朵模糊部位进行反复涂抹，将其逐步锐化，效果如图8-16所示。

图8-15　　　　　　　　　　　　　　　　图8-16

8.3.3 涂抹工具：可爱小黄狗

使用"涂抹工具" ○ 绘制出来的效果，类似在未干的油画上涂抹，会出现色彩混合扩展的现象，具体的操作步骤如下。

01 启动Photoshop，按快捷键Ctrl+O，打开相关素材中的"可爱小黄狗.jpg"文件，如图8-17所示。

02 在工具箱中选择"涂抹工具" ○ 后，在工具选项栏中选择一种柔边笔刷，并设置笔触大小为7像素，设置"强度"为60%，取消选中"对所有图层进行取样"复选框，然后在小黄狗的边缘处进行涂抹，如图8-18所示。

图8-17　　　　　　　　　　　　　　　　图8-18

03 耐心涂抹完全部边缘，使小黄狗产生毛茸茸
　　的效果，如图8-19所示。

延伸讲解：“涂抹工具”　适合扭曲小范围的区域，主要针对细节进行调整，处理的速度较慢。若需要处理大面积的图像，结合使用的滤镜效果更明显。

图8-19

8.4 ▶ 颜色调整工具

　　颜色调整工具包括“减淡工具”　、“加深工具”　和“海绵工具”　，可以对图像的局部色调和颜色进行调整。

8.4.1 减淡工具与加深工具

　　在传统摄影技术中，调节图像特定区域曝光度时，摄影师通过遮挡光线以使照片中的某个区域变亮（减淡），或者增加曝光度使照片中的某个区域变暗（加深）。“减淡工具”　和“加深工具”　正是基于这种技术处理照片曝光的。这两个工具的工具选项栏基本相同，如图8-20所示为“减淡工具”选项栏。

图8-20

8.4.2 减淡工具：炫彩眼妆

　　“减淡工具”　主要用来增加图像的曝光度，通过减淡涂抹，可以提亮图像中的特定区域，增加图像质感，具体的操作步骤如下。

01 启动Photoshop，按快捷键Ctrl+O，打开相关素材中的“眼睛.jpg”文件，如图8-21所示。

02 按快捷键Ctrl+J复制得到新的图层，并重命名为“阴影”。选择“减淡工具”　，在工具选项栏中设置合适的笔触大小，将“范围”设置为“阴影”，并将“曝光度”设置为30%，在画面中反复涂抹。涂抹后，阴影处提高了曝光度，如图8-22所示。

图8-21

图8-22

03 再次复制"背景"图层，并将复制得到的图层重命名为"中间调"，置于顶层。在"减淡工具"选项栏中设置合适的笔触大小，设置"范围"为"中间调"，然后在画面中反复涂抹。涂抹后，中间调图像减淡，效果如图8-23所示。

04 再次复制"背景"图层，并将复制得到的图层重命名为"高光"，置于顶层。在"减淡工具"选项栏中设置合适的笔触大小，设置"范围"为"高光"，然后在画面中反复涂抹。涂抹后，高光减淡，图像变亮，效果如图8-24所示。

图8-23

图8-24

8.4.3 加深工具：古镇情调

"加深工具" 🔎 主要用来降低图像的曝光度，使图像中的局部亮度变得更暗，具体的操作步骤如下。

01 启动Photoshop，按快捷键Ctrl+O，打开相关素材中的"古镇.jpg"文件，如图8-25所示。

02 按快捷键Ctrl+J复制得到新的图层，并重命名为"阴影"。选择"加深工具" 🔎，在工具选项栏中设置合适的笔触大小，将"范围"设置为"阴影"，并将"曝光度"设置为50%，在画面中反复涂抹。涂抹后，阴影会加深，如图8-26所示。

图8-25

图8-26

03 复制"阴影"图层，重命名为"中间调"，置于顶层。在工具选项栏中设置合适的笔触大小，设置"范围"为"中间调"，然后在画面中反复涂抹。涂抹后，中间调曝光度会降低，如图8-27所示。

延伸讲解： 在工具选项栏中选择"范围"为"高光"，在画面中反复涂抹，画面的高光曝光度会降低。

图8-27

8.4.4 海绵工具：少年与鲸鱼

"海绵工具" ● 主要用来改变局部图像的色彩饱和度，但无法为灰度模式图像上色，具体的操作步骤如下。

01 启动Photoshop，按快捷键Ctrl+O，打开相关素材中的"少年与鲸鱼.jpg"文件，如图8-28所示。

02 按快捷键Ctrl+J复制得到新的图层，并重命名为"去色"。选择"海绵工具" ●，在工具选项栏中设置合适的笔触大小，将"模式"设置为"去色"，并将"流量"设置为50%，如图8-29所示。

图8-28

图8-29

03 完成上述设置后，按住鼠标左键在画面中反复涂抹，即可降低图像的饱和度，如图8-30所示。

04 复制"背景"图层，并将复制得到的图层重命名为"加色"，置于顶层。在工具选项栏中设置合适的笔触大小，将"模式"设置为"加色"，然后在画面中反复涂抹，即可增加图像饱和度，如图8-31所示。

图8-30

图8-31

8.5 修复工具

Photoshop 中的修复工具的功能非常强大，用于修补图像中的瑕疵和恢复细节。常用工具包括"仿制图章工具" 🔖、"污点修复画笔工具" 🖊、"修复画笔工具" 🖌、"修补工具" 🩹和"红眼工具" 👁等，它们可以轻松移除斑点、裂痕或不需要的元素，并通过智能算法和纹理匹配实现自然的修复效果。

8.5.1 移除工具：移除的多种方式

"移除工具" 🖌是通过使用内容识别技术，自动识别并替换图像中不需要的区域，操作简单，适合快速修饰大面积或复杂的区域，在 Photoshop 2025 中，移除工具新增了"查找干扰"和"模式"选项，如图 8-32 所示，"查找干扰"能够自动识别图像中的电线背景人物，"模式"选项能够自主选择移除时是否需要开启 AI 功能。

图 8-32

在常规操作下，一般是选择"自动（可能使用生成式 AI）"选项，让软件识别是否需要使用 AI，具体的操作步骤如下。

01 启动Photoshop，按快捷键Ctrl+O，打开相关素材文件，如图8-33所示。

02 选择"移除工具" 🖌，选择"生成式AI关闭"模式，按住鼠标左键涂抹需要移除的画面内容，如图8-34所示。采用"生成式AI关闭"模式移除图像的效果如图8-35所示。

图 8-33

图 8-34

03 改为"生成式AI开启"模式，移除效果如图8-36所示，可以观察到两种模式的区别。

图 8-35

图 8-36

"查找干扰"选项中包含"电线和电缆"和"人物"选项，如图 8-37 所示，能够快速自动识别图像中的电线、电缆和人物，进行一键式移除，具体的操作步骤如下。

01 启动Photoshop，按快捷键Ctrl+O，打开相关素材文件，如图8-38所示。

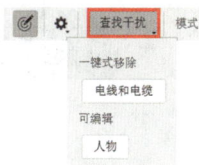

图8-37　　　　　　　　　　　　　图8-38

02 选择"移除工具" 🩹，在选项栏单击"查找干扰"中的"电线和电缆"按钮，如图8-39所示。移除电线的效果如图8-40所示。

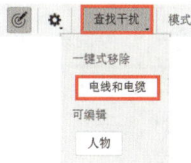

图8-39　　　　　　　　　　　　　图8-40

03 去除画面中的其他人物，按快捷键Ctrl+O，打开相关素材文件，如图8-41所示。

04 选择"移除工具" 🩹，在选项栏中单击"查找干扰"中的"人物"按钮，如图8-42所示。

图8-41　　　　　　　　　　　　　图8-42

05 软件将会自动识别图片中的背景人物并进行选取，如图8-43所示，如果有未被识别出要移除的人物，可以使用"移除工具"进行手动补充。

06 确定识别无误后，按Enter键确定，移除人物的效果如图8-44所示。

图8-43

图8-44

8.5.2 仿制源面板

"仿制源"面板主要用于"仿制图章工具"和"修复画笔工具"的相关设置，让这些工具的使用更为便捷。在对图像进行修饰时，若需确定多个仿制源，借助该面板进行设置，便能在多个仿制源之间灵活切换，还能对克隆源区域的大小、缩放比例以及方向进行动态调整，进而提升"仿制工具"的工作效率。

执行"窗口"→"仿制源"命令，调出"仿制源"面板，如图 8-45 所示。

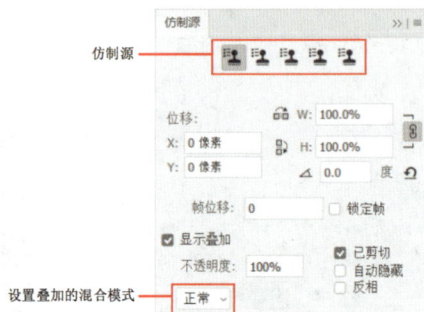
图8-45

8.5.3 仿制图章工具：青年情侣吹泡泡

"仿制图章工具"👤从源图像复制取样，通过涂抹的方式将仿制的源图像复制出新的区域，以达到修补、仿制的目的。本例效果如图 8-46 所示。

图8-46

本例制作要点

※ 打开素材并复制图层。

※ 使用"仿制图章工具"取样并涂抹，覆盖不需要的区域。

※ 调整画笔大小，精准覆盖目标区域，最终效果为去除指定人物。

8.5.4 图案图章工具：可爱斑比鹿

"图案图章工具" ❦ 的功能和图案填充效果类似，都可以使用 Photoshop 自带的图案或自定义图案对选区或者图层进行图案填充。本例效果如图 8-47 所示。

本例制作要点

※ 新建文档并打开素材。

※ 定义多个图案并使用"图案图章工具"进行绘制。

※ 应用不同图案填充选区，最终完成设计。

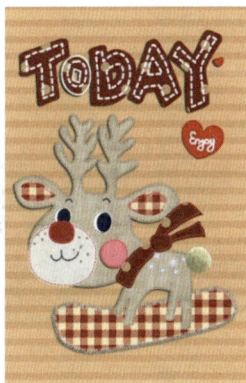

图 8-47

8.5.5 污点修复画笔工具：星星在哪里

"污点修复画笔工具" ✎ 用于快速除去图片中的污点与其他不理想部分，并自动对修复区域与周围图像进行匹配与融合。本例效果如图 8-48 所示。

图 8-48

本例制作要点

※ 打开素材并复制图层。

※ 使用"污点修复画笔工具"清除图像中的星星。

※ 重复操作，清除所有不需要的星星，最终效果呈现清晰画面。

8.5.6 修复画笔工具：环境污染

"修复画笔工具" ✎ 与"仿制图章工具" ♣ 类似，都是通过取样将取样区域复制到目标区域。不同的是，前者不是完全的复制，而是经过自动计算使修复处的光影和周边图像保持一致，源的亮度等信息可能会被改变，具体的操作步骤如下。

01 启动Photoshop，按快捷键Ctrl+O，打开相关素材中的"环境污染.jpg"文件，如图8-49所示。

延伸讲解：在"正常"模式下，Photoshop会对取样点内的像素与涂抹处的像素进行混合识别，之后开展修复操作；而在"替换"模式下，取样点内的像素会直接替换涂抹处的像素。此外，"源"选项还提供了"取样"和"图案"两种选择。"取样"是指直接从当前图像中选取样本；"图案"则是指从"图案"下拉列表中选择预设的图案作为样本。

02 按快捷键Ctrl+J复制得到新的图层，选择工具箱中的"修复画笔工具" ，在工具选项栏中设置一个笔触，并将"源"设置为"取样"，如图8-50所示。

图8-49

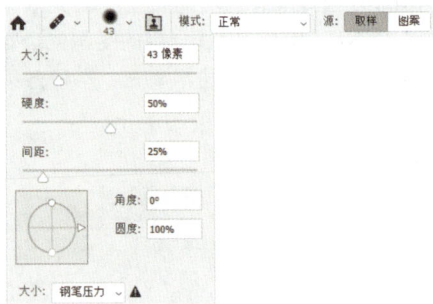

图8-50

03 设置完成后，将鼠标指针放在图像中没有垃圾的区域，按住Alt键并单击进行取样，如图8-51所示。

04 释放Alt键，在图像中的垃圾处涂抹，即可将其去除，如图8-52所示。

05 用上述同样的方法，继续使用"修复画笔工具" 完成其余部分的修复，如图8-53所示。

图8-51

图8-52

图8-53

8.5.7 修补工具：清洁草坪垃圾

"修补工具" 通过仿制源图像中的某一区域，去修补另外一个区域并自动融入图像的周围环境中，这一点与"修复画笔工具" 的原理类似。不同的是，"修补工具" 主要是通过创建选区对图像进行修补，具体的操作步骤如下。

01 启动Photoshop，按快捷键Ctrl+O，打开相关素材中的"清洁草坪垃圾.jpg"文件，如图8-54所示。

02 按快捷键Ctrl+J复制得到新的图层，选择工具箱中的"修补工具" ，在工具选项栏中单击"源"按钮，如图8-55所示。

图8-54

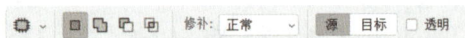

图8-55

03 单击并拖动鼠标，选择垃圾选区，如图8-56所示。

04 将鼠标指针放在选区内，拖动选区到背景的空白处，如图8-57所示。按快捷键Ctrl+D取消选区，即可去除图像中的垃圾，如图8-58所示。

图8-56

图8-57

图8-58

05 重复上述操作，删除草坪中的其他垃圾，效果如图8-59所示。

图8-59

> **延伸讲解：** "修补工具"选项栏中的修补模式涵盖"正常"模式与"内容识别"模式。在"正常"模式下，若选择"源"选项，系统会运用后选取的区域图像数据覆盖先选取的区域，实现图像的局部替换；而选择"目标"选项时，操作逻辑与"源"相反，是用先选取的区域图像数据覆盖后续选取的区域。当选中"透明"复选框后，修复后的图像会与原选区图像以一定的透明度进行叠加，使修复效果在保留部分原图像特征的同时融入新图像元素，过渡更为自然。在"内容识别"模式下，Photoshop会自动对修补选区周围的像素信息、颜色分布以及纹理特征进行精准识别与分析，并依据识别结果进行智能融合。同时，用户还能根据实际需求选择适应强度，适应强度的范围从非常严格到非常松散，严格模式下修复效果更贴合周围原始图像，松散模式下则能融入更多新的元素，以此实现对选区更为灵活、精准的修补。

8.5.8 内容感知移动工具：橙子车轮

"内容感知移动工具" ✂ 用于移动和扩展对象，并可以将对象自然地融入原来的环境中。本例效果如图 8-60 所示。

本例制作要点

※ 打开素材并添加橙子图像。

※ 使用"内容感知移动工具"扩展并复制橙子图像。

※ 向右复制多个橙子，并为其添加表情。

图8-60

8.5.9 红眼工具：大眼美女

使用"红眼工具"👁能很方便地消除红眼，弥补相机使用闪光灯或者其他原因导致的红眼问题，具体的操作步骤如下。

01 启动Photoshop，按快捷键Ctrl+O，打开相关素材中的"模特.jpg"文件，如图8-61所示。

02 选择工具箱中的"红眼工具"👁，在工具选项栏中设置"瞳孔大小"为50%，设置"变暗量"为50%，如图8-62所示。

+👁⌄ 瞳孔大小: 50%   变暗量: 50%

图8-61   图8-62

> **延伸讲解**："瞳孔大小"与"变暗量"参数需要依据图像的实际情况进行设置。"瞳孔大小"参数用于调整瞳孔的尺寸，其以百分比形式呈现，百分比值越大，所呈现的瞳孔尺寸就越大；"变暗量"参数用于调节瞳孔的暗度程度，同样以百分比表示，百分比值越大，瞳孔的变暗效果就越显著。

03 设置完成后，在眼球处单击，即可去除红眼问题，如图8-63所示。

04 除了上述方法，选择"红眼工具"👁后，在红眼处绘制一个选区，同样可以去除框内的红眼问题，如图8-64所示。

图8-63   图8-64

8.6 应用案例：祛斑行动

本例将祛除人物脸上的斑点，通过无痕祛斑的效果并调整图像的亮度与饱和度，使图像的显示效果更佳，效果如图8-65所示。

本例制作要点

※ 使用"污点修复画笔工具"祛除斑点，改善肌肤质感。

※ 添加"曲线"和"色相/饱和度"调整图层，优化图像的色调与饱和度。

图8-65

8.7 ▶ 课后练习——精致人像修饰

本例将结合本章所学内容，对人像进行美化处理，并为人像添加妆容，让人物精神更加饱满，效果如图 8-66 所示。

本例制作要点

※ 利用"修复工具"消除瑕疵，增强皮肤的光滑效果。

※ 通过"减淡工具"和"加深工具"优化光影，提升立体感。

※ 使用"吸管工具"和"混合器画笔工具"，为人像添加腮红和眼影，精致妆容。

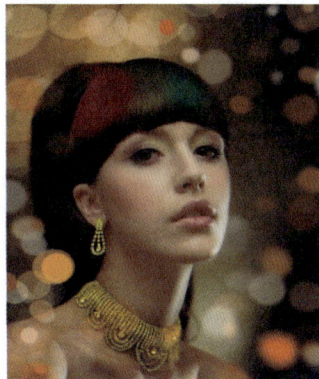

图 8-66

8.8 ▶ 复习题

在本例中，首先使用"裁剪工具" ▯ 裁剪图像，再利用"模糊工具" ◌ 涂抹背景，接着选择"污点修复画笔工具" ✎、"修补工具" ▨ 调整右侧墙壁上水渍漫漶的痕迹，最后添加曲线、自然饱和度调整图层，调整图像的显示效果，效果如图 8-67 所示。

图 8-67

第9章
图像合成：蒙版与通道的应用

借助图层蒙版，能够轻松实现对图层区域显示或隐藏的精准控制，它是图像合成过程中最为常用的技术手段。在使用图层蒙版进行图像混合时，无须对原始图像造成任何破坏，便可反复开展实验、调整混合方案，直至达成所需的效果。

通道的主要作用在于保存图像的颜色数据，同时它也能够用于保存和编辑选区信息。鉴于通道具备强大的功能，在图像特效制作领域得到了广泛应用，不过其原理和操作相对复杂，也是最难被理解和掌握的部分。本章将详细讲解蒙版与通道的具体应用方法。

9.1 图像合成技术概述

图像合成技术依托图像资源，依据用户所给定的期望图像对象及其具体特征，从图像库中挑选出最为匹配的图像源。随后，对图像对象进行分割与提取操作，再经过一系列处理，最终合成出最能满足用户需求的结果图像。

图像合成的一般处理流程如下。

1. 绘制期望图像的草图，并依据文字标签收集图像。
2. 开展基于轮廓和内容一致性的图像选择工作，将前景图像从背景中精准分割出来。
3. 计算并确定最优的图像合成组合方案。
4. 将合成结果呈现给用户，用户可从中选择最满意的合成效果，还能进行简单的交互修正。

在进行图像合成时，需要着重关注各个元素之间的匹配度，涵盖造型、色相、亮度、质感、动感等多个方面，避免出现元素之间相互脱节、毫无关联的情况。如图 9-1 所示为图像合成范例。

图9-1

9.2 认识蒙版

在 Photoshop 中，蒙版本质上就是遮罩，它起着控制图层或图层组中不同区域的显示与隐藏状态的作用。借助对蒙版进行更改，能够为图层施加各种各样的特殊效果，并且不会对该图层上的实际像素造成任何影响。

9.2.1 蒙版的种类和用途

Photoshop 提供了 3 种蒙版，分别为图层蒙版、矢量蒙版和剪贴蒙版。

图层蒙版借助灰度图像来精准控制图层的显示与隐藏状态。用户既可以使用绘画工具，如"画笔工具""铅笔工具"等，在蒙版上进行绘制，以此调整图层的显示范围；也能运用选择工具，如"魔棒工具""套索工具"等创建选区后，将选区转换为蒙版，进而对图层进行显示与隐藏的操作。

矢量蒙版同样用于控制图层的显示与隐藏，不过其独特之处在于与分辨率无关。这意味着无论图像如何缩放，矢量蒙版都能保持清晰、精确的显示效果。用户可以利用"钢笔工具"绘制精确的路径，或者借助"形状工具"创建各种规则或不规则的形状，来生成矢量蒙版。

剪贴蒙版则是一种较为特殊的蒙版类型，它依据底层图层的形状来界定图像的显示区域。当创建剪贴蒙版后，上层图层的内容将仅显示在底层图层形状所覆盖的范围内，从而实现独特的图像合成效果。

尽管这 3 种蒙版在分类上有所不同，但它们的工作方式大体相似，都是通过控制图层的显示与隐藏，为图像编辑和合成提供了强大的工具。

9.2.2 属性面板

"属性"面板可用于调整所选图层中图层蒙版和矢量蒙版的不透明度以及羽化范围，具体界面如图 9-2 所示。除此之外，在运用"光照效果"滤镜、创建调整图层时，同样需要借助"属性"面板进行相关设置。

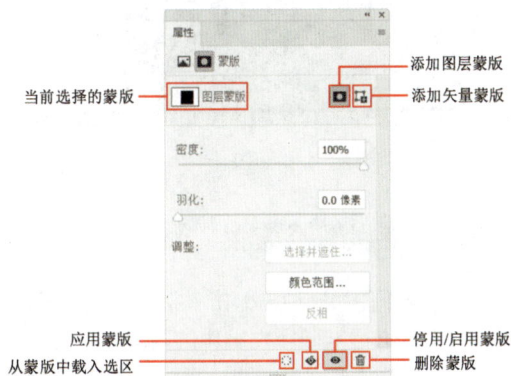

图9-2

9.3 图层蒙版

图层蒙版在图像合成领域发挥着关键作用，它本质上是一个具备 256 级色阶的灰度图像。该蒙版覆盖在图层之上，如同一个无形的遮罩，能够对图层起到遮挡与显示的控制作用，不过其自身并不会直接显现在图像中。此外，当创建调整图层、填充图层或者应用智能滤镜时，Photoshop 会自动为相应图层添加图层蒙版。借助这一特性，图层蒙版还能够精准地控制颜色调整的范围以及滤镜的作用区域。

9.3.1 图层蒙版的原理

在图层蒙版中，纯白色区域对应的图像内容是完全可见的；纯黑色区域则会将图像完全遮盖；而灰色区域会使图像呈现不同程度的透明效果，具体而言，灰色越深，图像的不透明程度就越高，如图 9-3 所示。

基于上述原理，若想要隐藏图像的某些区域，只需为该图层添加一个蒙版，然后使用"画笔工具"等将相应区域涂黑即可；若希望图像呈现半透明效果，则可以将蒙版的对应区域涂成灰色。

图层蒙版属于位图图像，几乎所有的绘画工具都能够用于对其进行编辑。举例来说，当使用柔角画笔在蒙版边缘进行涂抹时，能够让图像边缘呈现逐渐淡出的过渡效果，如图 9-4 所示；若为蒙版添加渐变效果，则可以使当前图像与另一个图像实现自然且平滑的融合，如图 9-5 所示。

图9-3

图9-4

图9-5

9.3.2　创建图层蒙版：乘风破浪

图层蒙版作为一种与分辨率相关的位图图像，具备对图像进行非破坏性编辑的能力，在图像合成领域有着极为广泛的应用。接下来，将详细阐述创建和编辑图层蒙版的具体方法。本例的最终效果如图 9-6 所示。

图9-6

本例制作要点

※　打开大海素材，将帆船素材导入大海素材。

※　为图层添加蒙版并填充为黑色。

※　使用"渐变工具"调节蒙版，生成过渡效果。

9.3.3　从选区生成图层蒙版：金钱与人生

如果当前图层存在选区，则可以将选区转换为蒙版，具体的操作步骤如下。

01　启动Photoshop，按快捷键Ctrl+O，打开相关素材中的"背景.psd"文件，效果如图9-7所示。

02 在"图层"面板中选择"背景"图层，再选择"魔棒工具" ✨ ，单击白色形状，创建选区，如图9-8所示。

图9-7

图9-8

03 单击"图层"面板中的"添加图层蒙版"按钮 ▣ ，可以用选区自动生成蒙版，选区内的图像可以显示，选区外的图像则被蒙版隐藏，按快捷键Ctrl+I反转选区，如图9-9所示。

04 将相关素材中的"城市.jpg"文件拖入文档，并放置在"背景"图层的下方，调整合适的大小及位置，效果如图9-10所示。

图9-9

图9-10

延伸讲解： 执行"图层"→"图层蒙版"→"显示选区"命令，可得到选区外图像被隐藏的效果；若执行"图层"→"图层蒙版"→"隐藏选区"命令，则会得到相反的结果，选区内的图像会被隐藏，与按住Alt键再单击 ▣ 按钮的效果相同。

9.4 矢量蒙版

图层蒙版和剪贴蒙版均属于基于像素区域的蒙版类型，而矢量蒙版则是借助"钢笔工具""自定形状工具"等矢量绘图工具创建的。由于矢量蒙版与分辨率无关，所以无论对图层进行缩小还是放大操作，其蒙版边缘都能始终保持光滑，不会出现锯齿现象。

9.4.1 创建矢量蒙版：马尔代夫之旅

矢量蒙版把矢量图形融入蒙版中，为用户开辟了一种能够在矢量状态下对蒙版进行编辑的独特方式。

本例的最终效果如图 9-11 所示，具体的操作步骤如下。

本例制作要点

※　打开素材并导入。

※　创建圆角矩形路径并应用矢量蒙版。

※　调整图层大小、曲线，并添加图层样式。

9.4.2　变换矢量蒙版

单击"图层"面板中的矢量蒙版缩览图，以此选中矢量蒙版，然后执行"编辑"→"变换路径"子菜单中的命令，能够对矢量蒙版开展各类变换操作，如图 9-12 所示。

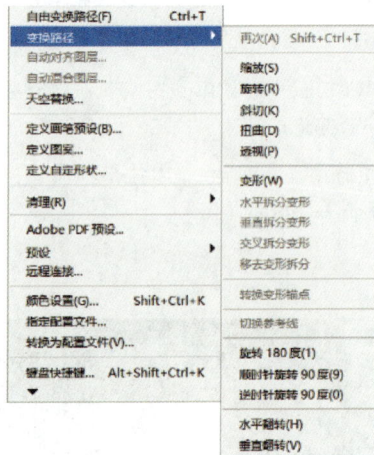

图9-11　　　　　　　　　　　　　　　　图9-12

在"图层"面板中，矢量蒙版缩览图与图像缩览图之间存在一个链接图标，该图标表明蒙版与图像处于链接状态。在此状态下，若对图像或蒙版进行任何变换操作，蒙版会与图像同步变换。若要单独对图像或蒙版进行变换操作，可执行"图层"→"矢量蒙版"→"取消链接"命令，或者直接单击链接图标来取消链接。

9.4.3　转换矢量蒙版与图层蒙版

在"图层"面板中，选中已创建矢量蒙版的图层，然后执行"图层"→"栅格化"→"矢量蒙版"命令。也可以在矢量蒙版缩览图上右击，在弹出的快捷菜单中选择"栅格化矢量蒙版"选项。通过以上两种方式，能够将矢量蒙版栅格化，并将其转换为图层蒙版，具体操作如图 9-13 所示。

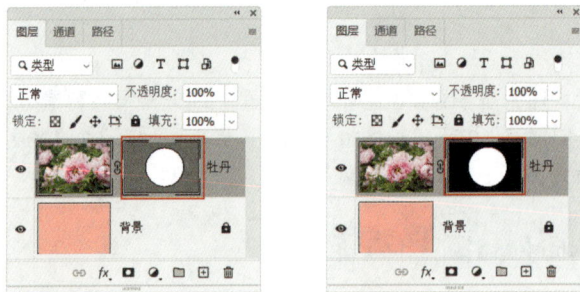

图9-13

剪贴蒙版利用下方图层的图像形状，对上方图层中的图像进行剪切操作，进而控制上方图层的显示区域与范围，以此实现特殊的效果。其最为突出的优点在于，能够借助一个图层来控制多个图层的可见内容，而图层蒙版和矢量蒙版通常仅能对单一图层进行控制。

9.4.4　创建剪贴蒙版：春装上新

剪贴蒙版最大的优势在于，它能够借助一个图层来控制多个图层的可见内容，而图层蒙版和矢量蒙版通常仅能对单个图层起到控制作用。本例的最终效果如图9-14所示。

图9-14

本例制作要点

※　导入人物素材并创建剪贴蒙版。

※　使用"画笔工具"进行局部涂抹，显示人物发髻。

※　完成选区和效果调整。

9.4.5　设置不透明度：纹理文字

由于剪贴蒙版组会运用基底图层的不透明度属性，因此，当对基底图层的不透明度进行调整时，就能够对整个剪贴蒙版组的不透明度加以控制，具体的操作步骤如下。

01 启动Photoshop，按快捷键Ctrl+O，打开相关素材中的"广告.jpg"文件，如图9-15所示。

02 在工具箱中选择"横排文字工具"**T**，设置字体为"华文行楷"，字体大小为200点，颜色为黑色，然后在图像中分别输入文字"美"和"味"，并分别将文字图层栅格化，如图9-16所示。

03 将相关素材中的"食物.png"文件拖入文档，放置在"美"图层上方，并按快捷键Alt+Ctrl+G创建剪贴蒙版，如图9-17所示。

图9-15　　　　　　　　　图9-16　　　　　　　　　图9-17

04 更改"美"图层的"不透明度"值为50%，因"美"图层为基底图层，更改其"不透明度"值，内容图层同样会变透明，如图9-18所示。

05 将"美"图层（基底图层）的"不透明度"恢复到100%，接下来调整剪贴蒙版的"不透明度"为50%，只会更改剪贴蒙版的不透明度而不会影响基底图层，如图9-19所示。

图9-18

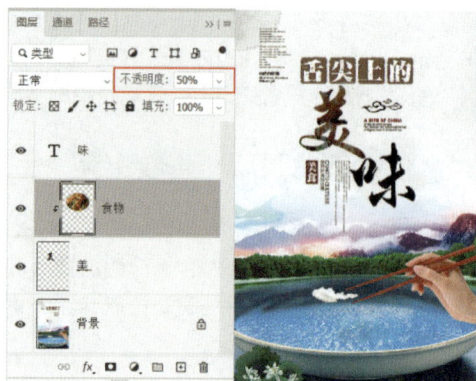

图9-19

9.4.6 设置混合模式：多彩文字

剪贴蒙版会采用基底图层的混合模式。当基底图层的混合模式设置为"正常"时，剪贴蒙版组内的所有图层会依据各自设定的混合模式，与下方图层进行混合。接下来，将详细讲解设置剪贴蒙版混合模式的操作方法，具体的操作步骤如下。

01 启动Photoshop，按快捷键Ctrl+O，打开相关素材中的"广告.psd"文件，如图9-20所示。

02 在"图层"面板中选择"美"图层，设置该图层的混合模式为"颜色加深"。调整基底图层的混合模式时，整个剪贴蒙版中的图层都会使用该模式与下面的图层混合，如图9-21所示。

图9-20

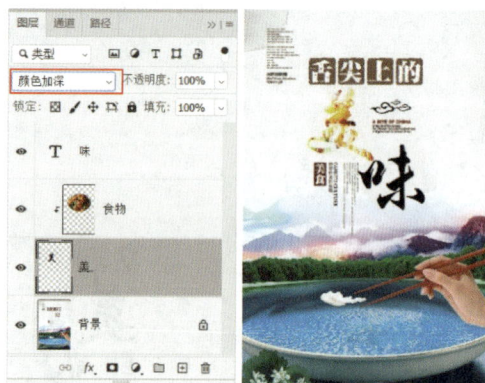

图9-21

03 将"美"图层的混合模式恢复为"正常"，然后设置剪贴蒙版图层的混合模式为"强光"，可以发现仅对其自身产生作用，不会影响其他图层，如图9-22所示。

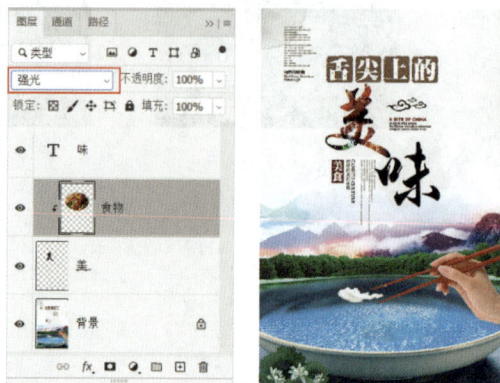

图9-22

9.5 认识通道

通道作为 Photoshop 中的一项高级功能，与图像的内容、色彩以及选区密切相关。在 Photoshop 中，提供了 3 种类型的通道，分别是颜色通道、Alpha 通道和专色通道。接下来，将详细阐述这几种通道的特性及其主要用途。

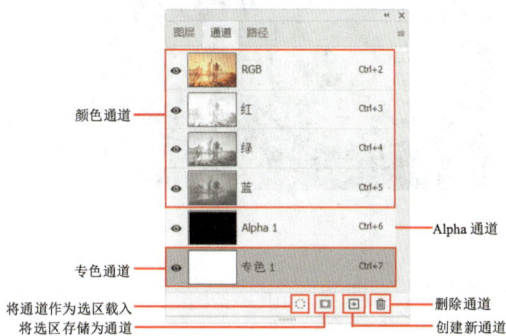

图9-23

9.5.1 通道面板

"通道"面板是创建与编辑通道的核心区域。当打开一个图像文件后，执行"窗口"→"通道"命令，此时便会调出如图 9-23 所示的"通道"面板。

9.5.2 颜色通道

颜色通道也被称作"原色通道"，其主要作用是存储图像的颜色信息。由于图像的颜色模式存在差异，颜色通道的数量也会有所不同。具体而言，RGB 模式的图像包含红色、绿色、蓝色 3 个颜色通道以及 1 个用于编辑图像内容的复合通道，如图 9-24 所示；CMYK 模式的图像包含青色、洋红、黄色、黑色 4 个颜色通道和 1 个复合通道，如图 9-25 所示；Lab 模式的图像包含明度、a、b 3 个通道以及 1 个复合通道，如图 9-26 所示；而位图、灰度、双色调和索引颜色模式的图像均仅有 1 个通道。

图9-24　　　　　　　图9-25　　　　　　　图9-26

延伸讲解： 若需转换图像的颜色模式，可执行"图像"→"模式"子菜单中的颜色模式命令。

9.5.3 Alpha 通道

Alpha 通道在实际应用中极为常用，且具备高度的灵活性，其一项关键功能便是保存与编辑选区。

Alpha 通道主要用于创建和存储选区。当我们将一个选区保存后，它会以灰度图像的形式存储在 Alpha 通道内。在后续需要时，能够将其载入图像中继续使用。此外，通过添加 Alpha 通道，我们可以创建并存储蒙版，这些蒙版可用于处理或保护图像的特定部分。需要注意的是，Alpha 通道与颜色通道不同，它并不会直接对图像的颜色产生影响。

在 Alpha 通道中，白色表示被选中的区域，黑色表示未被选中的区域，而灰色则表示部分被选中的区域，也就是羽化区域。若使用白色在 Alpha 通道上涂抹，能够扩大选区的范围；使用黑色涂抹，则会收缩选区；使用灰色涂抹，则可增大羽化范围，具体效果如图 9-27 所示。

图9-27

9.5.4 专色通道

专色通道在印刷领域有着广泛应用。当需要在印刷品上添加特殊颜色（如银色、金色等）时，便可创建专色通道，用于存储专色油墨的浓度、印刷范围等相关信息。若需创建专色通道，可执行"通道"→"新建专色通道"命令，此时会弹出"新建专色通道"对话框，如图9-28所示。

图9-28

9.5.5 创建 Alpha 通道：小博美

下面通过实例介绍几种新建 Alpha 通道的方法，具体的操作步骤如下。

01 启动Photoshop，按快捷键Ctrl+O，打开相关素材中的"小博美.jpg"文件，如图9-29所示。

02 在"通道"面板中，单击"创建新通道"按钮⊞，即可新建Alpha通道，如图9-30所示。

图9-29

图9-30

03 如果在当前文档中创建了选区，如图9-31所示。此时单击"通道"面板中的"将选区存储为通道"按钮▣，可以将选区保存为Alpha通道，如图9-32所示。

04 单击"通道"面板右上角的▤按钮，从弹出的面板菜单中选择"新建通道"选项，弹出"新建通道"对话框，如图9-33所示。

05 输入新通道的名称，单击"确定"按钮，也可创建Alpha通道，如图9-34所示，Photoshop默认以

Alpha 1、Alpha 2……为Alpha通道命名。

图9-31

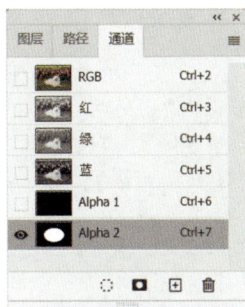

图9-32

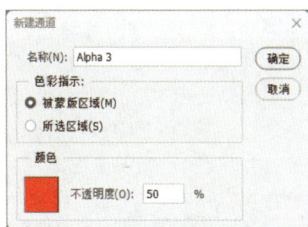

图9-33

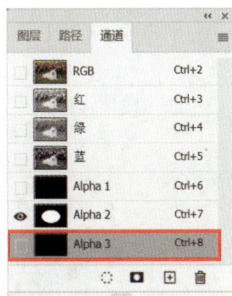

图9-34

延伸讲解： 若当前图像中存在选区，可通过结合快捷键单击"通道"面板、"路径"面板或"图层"面板中的缩览图，来执行选区运算操作。具体而言，按住 Ctrl 键单击缩览图能够新建选区；按快捷键 Ctrl+Shift 并单击，可将该选区添加到现有选区中；按快捷键 Ctrl+Alt 并单击，能够从当前选区中减去载入的选区；按快捷键Ctrl+Shift+Alt 并单击，则可执行与当前选区相交的操作。

9.6 ▶ 编辑通道

本节将详细介绍如何运用"通道"面板以及面板菜单中的相关选项，来创建通道，并对通道执行复制、删除、分离与合并等操作。

9.6.1 选择通道：拥抱阳光

对通道进行编辑的前提是该通道需处于被选中状态，下面将详细讲解选择通道的具体操作步骤。

01 启动Photoshop，按快捷键Ctrl+O，打开相关素材中的"花海背影.jpg"文件，并调出"通道"面板，如图9-35所示。

02 在"通道"面板中选中"绿"通道，画面中会显示该通道的灰度图像，如图9-36所示。

图9-35

图9-36

03 单击"红"通道前的 👁 图标，显示该通道，选择两个通道后，画面中会显示这两个通道的复合图像，如图9-37所示。

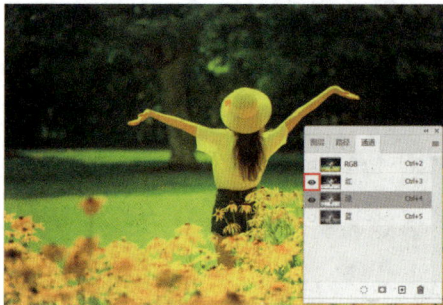

图9-37

> **答疑解惑：** 能否快速选择通道呢？答案是肯定的。按快捷键Ctrl+数字键组合，即可快速选择通道。例如，当图像处于 RGB 模式时，按快捷键 Ctrl+3 可选中"红"通道；按快捷键 Ctrl+4 可选中"绿"通道；按快捷键 Ctrl+5 可选中"蓝"通道；若图像中存在 Alpha 通道，按快捷键 Ctrl+6 可选中该 Alpha 通道。若想回到 RGB 复合通道，可按快捷键 Ctrl+2。

9.6.2 载入通道选区：秋季公园

编辑通道时，可以将 Alpha 通道载入选区。本例效果如图 9-38 所示。

图9-38

本例制作要点

※ 使用"选择主体"功能选取人物。

※ 利用"通道"面板保存选区，并通过反选复制图像。

※ 应用"滤镜库"中的"强化的边缘"效果，调整图层混合模式。

9.6.3 复制通道：晚霞中的大桥

复制通道与复制图层类似。下面介绍复制通道的具体操作步骤。

01 启动Photoshop，按快捷键Ctrl+O，打开相关素材中的"大桥.jpg"文件，如图9-39所示。弹出"通道"面板，如图9-40所示。

图9-39

图9-40

02 选择"绿"通道，拖动该通道至面板底部的"创建新通道"按钮⊞之上，即可得到复制的通道，如图9-41所示。

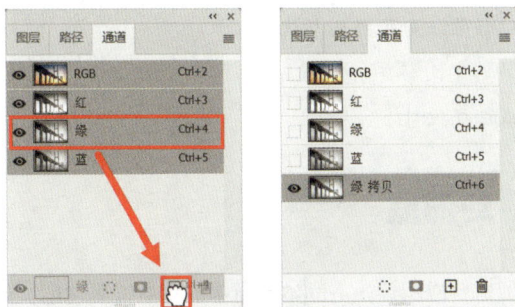

图9-41

03 显示所有的通道，此时的图像效果如图9-42所示。

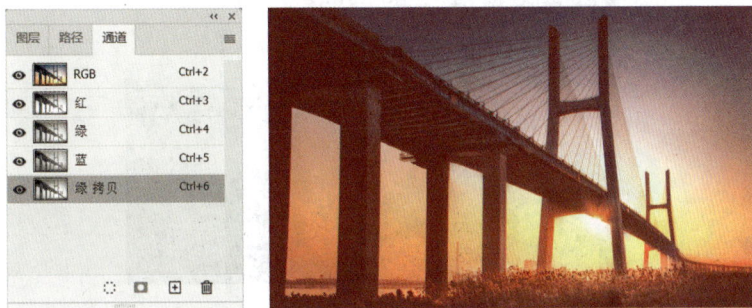

图9-42

延伸讲解： 借助选择面板菜单中的选项同样能够实现通道的复制操作。具体操作时，先选中目标通道，接着在面板菜单中选择"复制通道"选项。此时，会弹出相应对话框，在该对话框中可对新通道的名称以及目标文档进行设置。

9.7 应用案例：端午节合成海报

本节详细讲解如何制作端午节合成海报，效果如图 9-43 所示。

图9-43

本例制作要点

※　新建文档并应用渐变叠加背景。

※　添加并调整多种素材，结合蒙版与调整图层优化效果。

※　运用图层变换与渐隐效果创建倒影。

※　添加标题与副标题，完成海报设计。

9.8 课后练习：梦幻海底

本节详细讲解如何制作创意合成图像，巩固本章所学的图层蒙版功能，效果如图 9-44 所示。

图9-44

本例制作要点

※　添加海底、草、天空等素材，利用蒙版和渐变工具融合元素。

※　调整色彩平衡与可选颜色，以统一画面色调。

※　使用"加深工具"与"减淡工具"增强光影细节，添加气泡效果烘托氛围感。

9.9 复习题

本例为打开的书本合成一个梦幻效果，如图 9-45 所示。通过添加素材，调整素材的尺寸、位置、显示效果来营造梦幻氛围。

图9-45

第10章
UI设计：矢量工具与路径

形状与路径是 Photoshop 中可创建的两种矢量图形。作为矢量对象，它们能够自由地进行缩小或放大，且不会影响自身的清晰度，同时还能输出至 Illustrator 等矢量图像编辑软件中进行进一步编辑。

路径在 Photoshop 中的应用极为广泛，借助路径可以为对象添加描边以及填充颜色。此外，路径还能够转换为选区，这一特性使其在抠取复杂且边缘光滑的对象时经常被使用。

10.1 UI 设计概述

UI（User Interface）设计（也称界面设计），指的是针对软件的人机交互、操作逻辑以及界面美观度所开展的整体设计工作。UI 设计可划分为实体 UI 和虚拟 UI，在互联网领域，常用的 UI 设计为虚拟 UI。UI 设计的原则可概括如下。

1. 简易性

界面的简洁设计旨在让用户能够便捷地使用产品、轻松了解产品特性，同时降低用户发生错误选择的可能性。

2. 用户语言

界面应使用能够反映用户自身习惯的语言，而非游戏设计者的专业术语。

3. 记忆负担最小化

人脑与计算机不同，在设计界面时，必须充分考虑人类大脑处理信息的限度。人类的短期记忆能力有限且极不稳定，在 24 小时内，信息的遗忘率约为 25%。因此，对于用户而言，浏览信息相较于记忆信息更为容易。

4. 一致性

一致性是每一个优秀界面都应具备的特点。界面的结构必须清晰且保持一致，风格必须与产品内容相契合。

5. 从用户习惯考虑

要站在用户的角度思考问题，想用户之所想。用户通常会按照他们自己的方式理解和使用产品。通过对比真实世界与虚拟世界中的事物，能够设计出更优质的作品。

6. 安全性

用户应能够自由地做出选择，并且所有选择都应是可逆的。当用户选择执行危险操作时，系统应介入并给出提示。

7. 灵活性

简单来说，灵活性就是要让用户能够方便地使用产品，但又与上述原则有所不同。它强调互动的多重性，不局限于单一的工具（如鼠标、键盘或手柄、界面等）。

如图 10-1 所示为 UI 界面设计范例。

图10-1

10.2 路径和锚点

若想熟练掌握 Photoshop 中各类矢量工具的使用方法，就必须先对路径与锚点有清晰的认识。本节将详细阐述路径与锚点的特性，以及二者的内在联系。

10.2.1 认识路径

"路径"指的是能够转换为选区的轮廓，它既可以填充颜色，也能够添加描边。依据形态的不同，路径可分为开放路径、闭合路径和复合路径。

开放路径的起始锚点与结束锚点并未重合，如图 10-2 所示；闭合路径的起始锚点和结束锚点重合为一个锚点，不存在起点与终点之分，路径呈现闭合状态，如图 10-3 所示；复合路径则是由两个独立的路径通过相交、相减等运算创建而成的一个新的复合状态路径，如图 10-4 所示。

图10-2　　　　　　　　　　图10-3　　　　　　　　　　图10-4

10.2.2 认识锚点

路径由直线路径段或曲线路径段构成，这些路径通过锚点相互连接。锚点可分为两种类型，即平滑点和角点。平滑点相互连接能够形成平滑的曲线，如图 10-5 所示；角点连接则会形成直线，如图 10-6 所示，或者形成转角曲线，如图 10-7 所示。在曲线路径段上，锚点带有方向线，方向线的端点被称为方向点，它们可用于调整曲线的形状。

图10-5

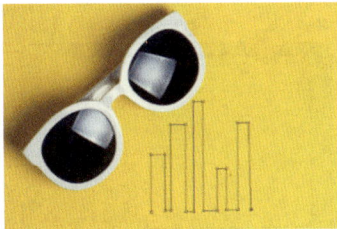

图10-6

图10-7

10.3 钢笔工具

"钢笔工具"堪称 Photoshop 中功能最为强大的绘图工具。了解并熟练掌握"钢笔工具"的使用方法，是创建路径的基石。它主要具备两种用途：其一为绘制矢量图形，其二是用于选取对象。当"钢笔工具"作为选取工具使用时，它所描绘的轮廓既光滑又精准。只需将路径转换为选区，便能精确地选择目标对象。

10.3.1 钢笔工具组

在 Photoshop 中，钢笔工具组涵盖了 6 个工具，如图 10-8 所示。这些工具分别用于绘制路径、添加锚点、删除锚点以及转换锚点类型。

图10-8

钢笔工具组中各个工具的说明如下。

※ 钢笔工具 ⌀：是最为常用的路径绘制工具，借助它能够创建出光滑且复杂的路径。

※ 自由钢笔工具 ⌀：其操作方式类似真实的钢笔，允许用户在单击并拖动鼠标的过程中创建路径。

※ 弯度钢笔工具 ⌀：可用于创建自定义形状或定义精确的路径，并且无须按快捷键，就能实现钢笔直线模式与曲线模式的转换。

※ 添加锚点工具 ⌀：用于为已经创建的路径添加锚点。

※ 删除锚点工具 ⌀：用于从路径中删除锚点。

※ 转换点工具 ⌀：用于转换锚点的类型，既可以将路径的圆角转换为尖角，也能将尖角转换为圆角。

在工具箱中选择"钢笔工具" ⌀ 后，可以看到"钢笔工具"选项栏，如图 10-9 所示。

图10-9

> **知识拓展**：如何判断路径的走向？单击"钢笔工具"选项栏中的 ⚙ 按钮，调出下拉面板，选中"橡皮带"复选框，此后使用"钢笔工具" ⌀ 绘制路径时，可以预先看到将要创建的路径，从而判断出路径的走向，如图10-10所示。

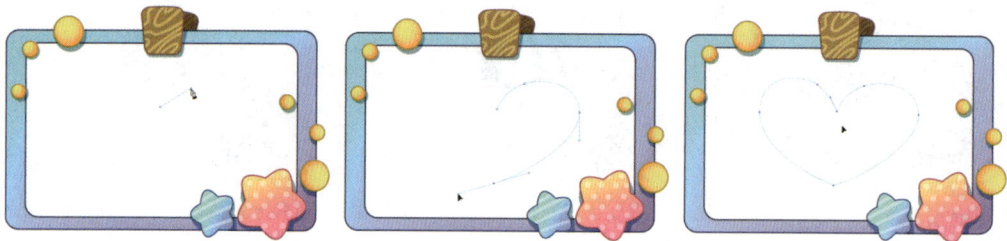

图10-10

10.3.2　钢笔工具：与锦鲤的邂逅

选中"钢笔工具" ⬦后，需要在工具选项栏里选择"路径"选项。接着，依次在图像窗口单击，以此确定路径各个锚点的位置。此时，锚点之间会自动创建出一条直线路径。通过调节锚点，还能够绘制出曲线。本例的效果如图 10-11 所示。

本例制作要点

※　使用"钢笔工具" ⬦精确绘制路径，完成锦鲤的抠图操作。

※　利用路径转换选区功能，实现选区精确控制。

※　替换背景，调整布局，形成完整画面。

图10-11

10.3.3　自由钢笔工具选项栏

与"钢笔工具" ⬦不同，"自由钢笔工具" ⬦支持以徒手绘制的方式来创建路径。具体操作时，先在工具箱中选取"自由钢笔工具" ⬦，然后将鼠标指针移至图像窗口，自由拖动鼠标，待到达合适位置后释放鼠标，鼠标指针移动的轨迹便会形成路径。在绘制路径的过程中，系统会自动依据曲线的走向添加合适的锚点，并调整曲线的平滑度。

若选择"自由钢笔工具" ⬦后，选中工具选项栏中的"磁性的"复选框，此时"自由钢笔工具" ⬦将具备与"磁性套索工具" ⬦类似的磁性功能。在确定路径起始点后单击，接着沿着图像边缘移动鼠标指针，系统会自动根据颜色反差来建立路径。

当选择"自由钢笔工具" ⬦后，在工具选项栏中单击 ✿按钮，会弹出如图 10-12 所示的面板。该面板中各选项说明如下。

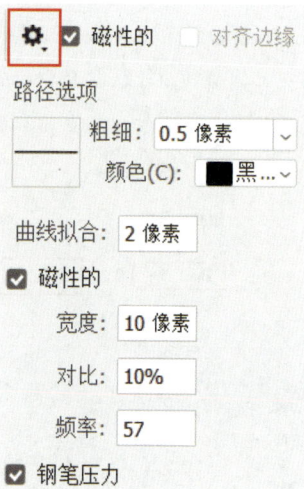

图10-12

※ 曲线拟合：在拟合贝塞尔曲线时，可依据允许的错误容差来创建路径。像素值设定得越小，所允许的错误容差就越小，进而创建的路径也会越精细。

※ 磁性的：当选中"磁性的"复选框后，"宽度""对比""频率"这3个选项将变为可用状态。其中，"宽度"选项用于检测"自由钢笔工具" ◎ 在指定距离以内的边缘；"对比"选项用于指定将该区域视为边缘所需的像素对比度，其值越大，意味着图像所需的对比度越低；"频率"选项则用于设置锚点添加到路径中的频率。

※ 钢笔压力：若选中该复选框，便能够使用绘图压力来改变钢笔的宽度。

10.3.4 自由钢笔工具：雪山雄鹰

"自由钢笔工具" ◎ 与"套索工具" ◯ 类似，都可以用来绘制比较随意的图形。不同的是，用"自由钢笔工具" ◎ 绘制的是封闭路径，而"套索工具" ◯ 创建的是选区。本例效果如图 10-13 所示。

本例制作要点

※ 使用"自由钢笔工具" ◎ 绘制山峰路径，创建基础图形及阴影。

※ 使用"磁性钢笔工具"精确勾勒雄鹰轮廓，实现素材合成。

※ 调整元素布局，完成自然高空景观的视觉呈现。

图10-13

10.4 编辑路径

若想运用"钢笔工具" ◎ 精准地勾勒对象的轮廓，就必须熟练掌握锚点与路径的编辑方法。下面，将详细阐述如何对锚点和路径进行编辑。

10.4.1 选择与移动

Photoshop 提供了两个路径选择工具，分别是"路径选择工具" ▶ 和"直接选择工具" ▷。

1. 选择锚点、路径段和路径

"路径选择工具" ▶ 可用于选取整条路径。将鼠标指针移至路径区域内的任意位置并单击，路径上的所有锚点便会被全部选中，此时锚点会以黑色实心状态显示。在此状态下拖动鼠标，即可移动整条路径，如图 10-14 所示。

若当前路径包含多条子路径，可按住 Shift 键，然后依次单击各子路径，以实现连续选择，如图 10-15 所示。此外，也可以拖动鼠标绘制一个选框，与该选框交叉或被其包围的所有路径都将被选中。若要取消选择，只需在画面的空白处单击即可。

使用"直接选择工具" ▷ 单击一个锚点即可选择该锚点，选中的锚点显示为实心状态，未选中的锚点为空心状态，如图 10-16 所示；单击一个路径段，可以选择该路径段，如图 10-17 所示。

延伸讲解：按住Alt键单击一个路径段，可以选择该路径段及路径段上的所有锚点。

图10-14

图10-15

图10-16

图10-17

2. 移动锚点、路径段和路径

当选中锚点、路径段或路径后，按住鼠标左键并拖动，就能将其移动。若选择了锚点，在鼠标指针从锚点上移开之后，若想再次移动该锚点，需要将鼠标指针重新定位到锚点上，然后按住鼠标左键并拖动，方可实现移动；否则，在画面中拖动鼠标只会拖出一个矩形框，此矩形框可用于框选锚点或路径段，但无法移动锚点。当从已选择的路径上移开鼠标指针后，若要移动该路径，需重新将鼠标指针定位到路径上。

> **延伸讲解：** 按住Alt键移动路径，可在当前路径内复制子路径。如果当前选择的是"直接选择工具" ▶，按住Ctrl键，可切换为"路径选择工具" ▶。

10.4.2 删除和添加锚点

使用"添加锚点工具" ✍ 和"删除锚点工具" ✍，可添加和删除锚点。

选择"添加锚点工具" ✍ 后，移动鼠标指针至路径上方，如图10-18所示；当鼠标指针变为 ✍₊ 状态时，单击即可添加一个锚点，如图10-19所示；如果单击并拖动鼠标，可以添加一个平滑点，如图10-20所示。

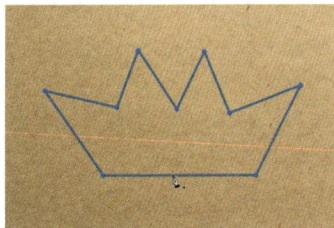

图10-18

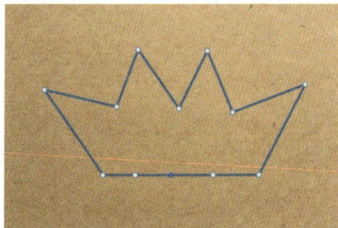

图10-19

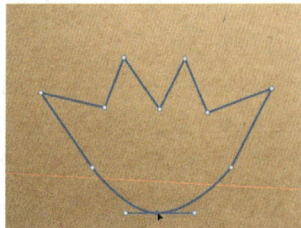

图10-20

选择"删除锚点工具" ✍，将鼠标指针放在锚点上，如图10-21所示；当鼠标指针变为 ✍₋ 状态时，

Photoshop 2025从新手到高手

单击即可删除该锚点，如图 10-22 所示；使用"直接选择工具" ▶，选择锚点后，按 Delete 键也可以将其删除，但该锚点两侧的路径段也会同时被删除。如果路径为闭合路径，则会变为开放式路径，如图 10-23 所示。

 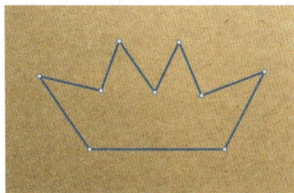 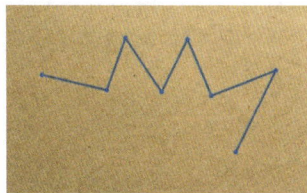

图10-21　　　　　　　　　图10-22　　　　　　　　　图10-23

10.4.3　转换锚点的类型

使用"转换点工具" ▷可轻松完成平滑点和角点之间的相互转换。

如果当前锚点为角点，选择"转换点工具" ▷，然后移动鼠标指针至角点上拖动鼠标可将其转换为平滑点，如图 10-24 和图 10-25 所示。如需要转换的是平滑点，单击该平滑点可将其转换为角点，如图 10-26 所示。

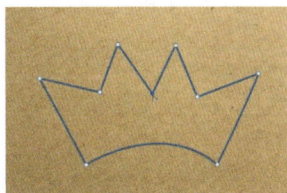 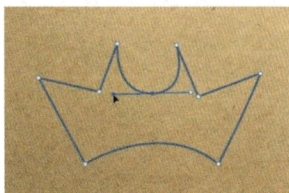 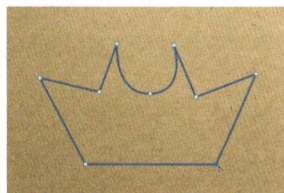

图10-24　　　　　　　　　图10-25　　　　　　　　　图10-26

10.4.4　调整路径方向

使用"直接选择工具" ▶选中锚点之后，该锚点及相邻锚点的方向线和方向点就会显示在图像窗口中，方向线和方向点的位置确定了曲线段的曲率，移动这些元素将改变路径的形状。

移动方向点与移动锚点的方法类似，首先移动鼠标指针至方向点上，然后按下鼠标左键拖动，即可改变方向线的长度和角度。如图 10-27 所示为原图形，使用"直接选择工具" ▶拖动平滑点上的方向线时，方向线始终为一条直线状态，锚点两侧的路径段都会发生改变，如图 10-28 所示；使用"转换点工具" ▷拖动方向线时，则可以单独调整平滑点任意一侧的方向线，而不会影响到另外一侧的方向线和同侧的路径段，如图 10-29 所示。

图10-27　　　　　　　　　图10-28　　　　　　　　　图10-29

10.4.5　路径的变换操作：大雁南飞

与选区相同，路径同样能够执行旋转、缩放、斜切、扭曲等变换操作。接下来，将对路径的变换操作进行详细讲解，本例效果如图10-30所示。

本例制作要点

※ 使用"形状"面板添加预设图形，并通过路径工具调整其位置、大小及方向。

※ 利用复制、缩放、旋转及斜切变换，调整鸟群的排列效果。

※ 多次调整图形，完成群山场景中的鸟群布局设计。

图10-30

10.4.6　路径的运算方法

使用"魔棒工具" 🪄 和"快速选择工具" 🖌 定义选区时，通常要对选区进行相加、相减等运算，以使其符合要求。使用"钢笔工具" ✎ 或形状工具时，也要对路径进行相应的运算，才能得到想要的轮廓。单击工具选项栏中的"路径操作"按钮 🔲，可以在弹出的菜单中选择路径运算方式，如图 10-31 所示。列表中各选项说明如下。

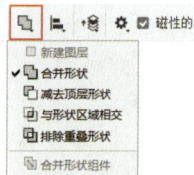

图10-31

※ 新建图层：选择该选项，能够创建一个新的路径层。

※ 合并形状：选择该选项，新绘制的图形会与现有的图形合并，效果如图 10-32 所示。

※ 减去顶层形状：选择该选项，会从现有的图形中减去新绘制的图形部分，如图 10-33 所示。

※ 与形状区域相交：选择该选项，所得到的图形为新绘制的图形与现有图形相交的区域，如图 10-34 所示。

※ 排除重叠形状：选择该选项，得到的图形是在合并路径时排除了重叠区域后的部分，如图 10-35 所示。

※ 合并形状组件：选择该选项，可以将重叠的路径合并。

图10-32　　　　　图10-33　　　　　图10-34　　　　　图10-35

10.4.7　路径运算：一唱雄鸡天下白

路径运算指的是把两条路径组合起来，其运算方式涵盖合并形状、减去顶层形状、与形状区域相交以及排除重叠形状。在完成这些运算操作之后，还能够将经过运算的路径进行合并处理。本节案例效果如图 10-36 所示。

本例制作要点

※ 使用"椭圆工具"和"矩形工具"，通过路径操作创建不同几何形状的组合，完成公鸡主体设计。

※ 合理设置图层及路径操作选项，实现形状的叠加、相交、减去和排除重叠的效果。

※ 多次新建图层，调整填充颜色及形状比例，逐步完善公鸡的各部分构造。

图10-36

10.4.8 路径的对齐与分布

在"路径选择工具" ▶ 的工具选项栏中单击"路径对齐方式"按钮 ▙，可展开如图 10-37 所示的面板，其中包含路径的对齐与分布按钮。

对齐与分布按钮包括"左对齐" ▙、"水平居中对齐" ▜、"右对齐" ▟、"顶对齐" ▜、"垂直居中对齐" ▜ 和"底对齐" ▙ 按钮。使用"路径选择工具" ▶ 选择需要对齐的路径后，单击上述任意一个对齐按钮即可进行路径对齐操作。

如果要分布路径，应至少选择 3 条路径，然后单击一个分布按钮即可进行路径的分布操作。

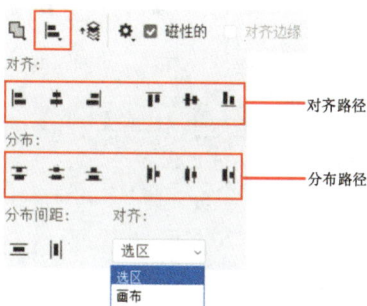

图10-37

10.5 路径面板

"路径"面板的主要作用是保存和管理路径。在该面板中，会清晰显示每条已存储路径、当前工作路径以及当前矢量蒙版的名称和缩览图。借助此面板，用户能够方便地保存和管理路径。

10.5.1 了解路径面板

执行"窗口"→"路径"命令，可以调出"路径"面板，如图 10-38 所示。

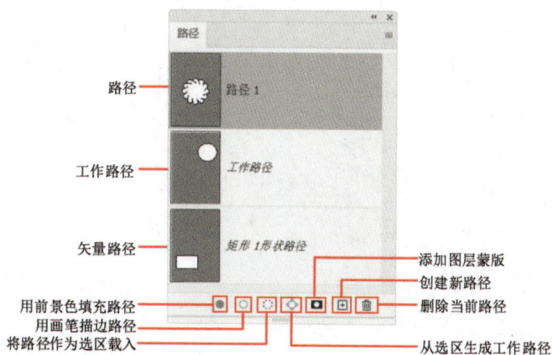

图10-38

163

第10章 UI设计：矢量工具与路径

10.5.2 了解工作路径

在使用"钢笔工具"✐或形状工具直接绘图时，该路径在"路径"面板中被保存为"工作路径"，如图10-39所示；如果在绘制路径前单击"路径"面板上的"创建新路径"按钮⊞，新建一个路径图层再绘制路径，此时创建的只是路径，如图10-40所示。

图10-39   图10-40

延伸讲解：工作路径仅用于临时保存路径信息。若未选中该路径，当再次在图像中绘制新路径时，新的工作路径会替换掉原有的工作路径。因此，为避免工作路径被替换，需要将其中的路径保存。在"路径"面板中，双击工作路径，此时会弹出"存储路径"对话框，在对话框中输入路径名称后，单击"确定"按钮，即可完成路径的保存操作。

10.5.3 路径和选区的转换：火龙果

路径和选区能够实现相互转换，也就是说，既可以将路径转换为选区，也能够把选区转换为路径。接下来，将详细阐述路径与选区相互转换的具体操作方法。

01 启动Photoshop，按快捷键Ctrl+O，打开相关素材中的"火龙果.jpg"文件。在工具箱中选择"魔棒工具"✨，在图像背景上单击，建立选区，如图10-41所示。如果一次没有选中，可按住Shift键加选背景。

02 按快捷键Ctrl+Shift+I反选选区，选中除背景外的图像部分，如图10-42所示。

03 单击"路径"面板中的"从选区生成工作路径"按钮◇，可以将选区转换为路径，如图10-43所示，同时在"路径"面板上生成一个工作路径，如图10-44所示。

图10-41   图10-42   图10-43   图10-44

04 选中"路径"面板中的工作路径，单击"将路径作为选区载入"按钮○，如图10-45所示，将路径载入选区，如图10-46所示。

图10-45

图10-46

10.6 形状工具

形状实际上就是由路径轮廓围成的矢量图形。使用 Photoshop 提供的"矩形工具" ▢、"椭圆工具" ◯、"三角形工具" △、"多边形工具" ⬠ 和"直线工具" ╱，可以创建规则的几何形状，使用"自定义形状工具" ✿ 可以创建不规则的复杂形状。

10.6.1 矩形工具

"矩形工具" ▢ 用来绘制矩形和正方形。选择该工具后，单击并拖动鼠标可以创建矩形；按住 Shift 键拖动可以创建正方形；按住 Alt 键单击并拖动会以单击点为中心向外创建矩形；按住 Shift+Alt 键单击并拖动，会以单击点为中心向外创建正方形。单击工具选项栏中的 ✿ 按钮，在打开的下拉面板中可以设置矩形的创建方式，如图 10-47 所示。

下拉面板中各选项说明如下。

※ 不受约束：选择该单选按钮，可通过拖动鼠标来创建任意大小的矩形和正方形，如图 10-48 所示。

※ 方形：选择该单选按钮，仅能创建任意大小的正方形，如图 10-49 所示。

图10-47

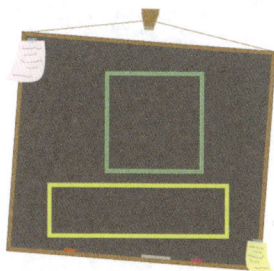

图10-48

图10-49

※ 固定大小：选择该单选按钮后，并在其右侧的文本框中输入数值（其中 W 代表宽度，H 代表高度），此后将仅创建预设大小的矩形。

※ 比例：选择该单选按钮后，并在其右侧的文本框中输入数值（W 为宽度比例，H 为高度比例），此后无论创建的矩形尺寸多大，矩形的宽度和高度都会保持预设的比例。

※ 从中心：选择该单选按钮后，以任意方式创建矩形时，在画面中单击的点即为矩形的中心，拖动鼠标时矩形将从中心向外扩展。

10.6.2　椭圆工具

　　"椭圆工具" ◯ 用来创建不受约束的椭圆形和圆形，也可以创建固定大小和固定比例的圆形，如图 10-50 所示。选择该工具后，单击并拖动鼠标可创建椭圆形，按住 Shift 键单击并拖动鼠标则可创建圆形。

图10-50

10.6.3　三角形工具

　　"三角形工具" △ 可以创建规则三角形。选择该工具，在画布中单击，弹出"创建三角形"对话框，如图 10-51 所示。设置"宽度""高度"值，选中"等比"复选框可以创建等边三角形。输入"圆角半径"值，以圆弧连接三条边。选中"从中心"复选框，以三角形的中心为基点绘制形状。单击"确定"按钮，在画布中创建三角形，如图 10-52 所示。将鼠标指针放置在上方的圆形夹点上，按住左键不放向下拖曳鼠标，如图 10-53 所示，预览圆角的创建效果；释放鼠标左键，观察圆角效果，如图 10-54 所示。

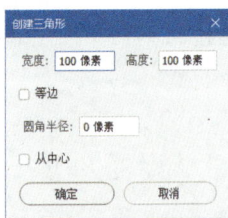
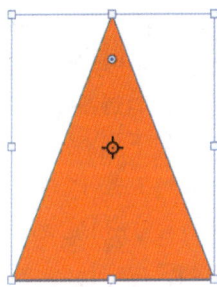

图10-51　　　　　　　　图10-52　　　　　　　　图10-53　　　　　　　　图10-54

10.6.4　多边形工具

　　"多边形工具" ◯ 用来创建多边形和星形。选择该工具后，首先要在工具选项栏中设置多边形或星形的边数，范围为 3~100。单击工具选项栏中的 ✿ 按钮，调出下拉面板，在该面板中可以设置多边形的选项，如图 10-55 所示。

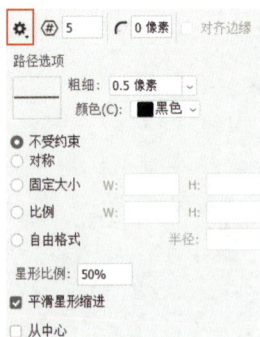

图10-55

　　选中"星形比例"复选框，可以创建星形。设置不同的"星形比例"值，星形边缘向中心缩进的数量也会不同，如图 10-56 所示。取消选择"平滑星形缩进"复选项，可以绘制五角星。

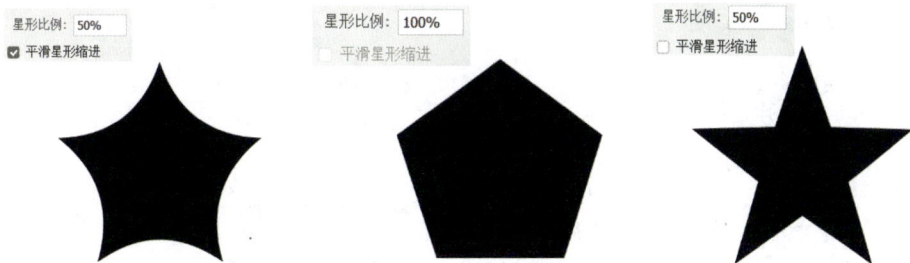

图10-56

10.6.5　直线工具

"直线工具"╱用来创建直线或带有箭头的线段。选择该工具后，单击并拖动鼠标可以创建直线或线段；按住 Shift 键单击并拖动鼠标，可创建水平、垂直或以 45°角为增量的直线。"直线工具"的工具选项栏包含设置直线粗细的选项，在下拉面板中还包含设置箭头的选项，如图 10-57 所示。

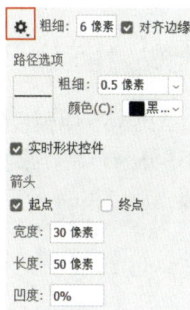

图10-57

下拉面板中各参数说明如下。

※　实时形状控件：选中该复选框后，会显示定界框，这有助于对直线进行编辑操作。

※　起点/终点：此复选框可分别或同时在直线的起点和终点添加箭头，如图 10-58 所示。

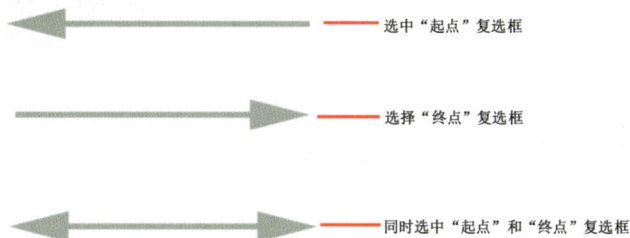

图10-58

※　宽度：可通过该选项设置箭头宽度与直线宽度的百分比，其设置范围为 10%~1000%。

※　长度：此选项用于设置箭头长度与直线宽度的百分比，设置范围是 10%~5000%。

※　凹度：该参数用来设置箭头的凹陷程度，其取值范围为 −50%~50%。当该值为 0% 时，箭头尾部平齐，如图 10-59 所示；当该值大于 0% 时，箭头向内凹陷，如图 10-60 所示；当该值小于 0% 时，箭头向外凸出，如图 10-61 所示。

图10-59　　　　　　　　　图10-60　　　　　　　　　图10-61

10.6.6　自定形状工具

使用"自定形状工具" 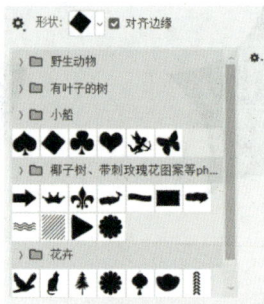 可以创建
Photoshop 预设的形状、自定义的形状或外部提
供的形状。选择"自定形状工具" 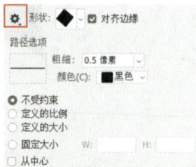 后，需要单
击工具选项栏中的·按钮，在调出的形状下拉面板
中选择一种形状，如图 10-62 所示，然后单击并
拖动鼠标即可创建该图形。如果要保持形状比例，
可以按住 Shift 键绘制图形。如果要使用其他方法
创建图形，可以在形状选项下拉面板中进行设置，
如图 10-63 所示。

图10-62　　　　　　图10-63

10.6.7　绘制矢量插画：年货推荐官

下面使用 Photoshop 中预设的各类自定义形
状为画面添加图形元素，制作出极具趣味性的插
画效果。本例效果如图 10-64 所示。

本例制作要点

※　使用"自定形状工具"绘制多个与节日相关
　　的图形。

※　根据需要调整每个形状的填充色、描边色和
　　大小。

※　将不同的形状（灯笼、鞭炮、元宝、纹理）
　　按设计要求进行排列。

图10-64

10.7　应用案例：绘制质感按钮

本例将完成一个质感按钮的绘制，效果如图
10-65 所示。

本例制作要点

※　利用"矩形工具"和图层样式设计圆角矩形
　　的基础形状与渐变效果。

※　通过多层矩形与椭圆的颜色填充和渐变叠加，
　　制作按钮的层次感与光影感。

※　运用蒙版与"渐变工具"增强局部反光与质
　　感细节。

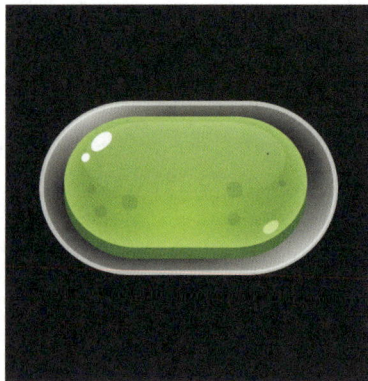

图10-65

10.8 课后练习：绘制立体饼干图标

本例将介绍立体饼干图标的绘制方法，将背景色设置为紫色，以橙色和白色作为图标的搭配色，整体色调具有强烈的对比，最终呈现的视觉效果相当出色，效果如图 10-66 所示。

图10-66

本例制作要点

※ 运用"矩形工具"和剪贴蒙版功能制作基础图形和装饰图形。

※ 利用"钢笔工具"和路径操作制作细节效果，如奶油形状和镂空效果。

※ 通过图层样式添加投影、内阴影、斜面浮雕等效果，增强立体感与光影效果。

10.9 复习题

本例练习绘制导航栏，如图 10-67 所示。在绘制的过程中，需要使用"钢笔工具" ⌀、"矩形工具" ▢、"横排文字工具" T 以及"自定形状工具" ✿ 等。

图10-67

第11章
字体设计：文本的应用

文字是设计作品中不可或缺的重要元素，它不仅能够精准地传达信息，还具备美化版面布局、强化主题表达的作用。本章将对 Photoshop 中文字的输入和编辑方法进行详细讲解。通过学习本章内容，读者能够迅速掌握点文字、段落文字的输入技巧，以及变形文字的设置方法和路径文字的制作流程。

11.1 字体设计概述

为让文字能够适配不同的设计项目，设计师会依据视觉设计规律，对文字进行整体且精心的编排，从而使文字突破原有的结构模式，呈现丰富多元的效果。

11.1.1 文字设计风格

标准字体设计可细分为书法标准字体设计、装饰标准字体设计和英文标准字体设计。

1. 秀丽柔美风格

此类字体优美清新，线条流畅自然，能给人带来华丽柔美的视觉感受。这种风格的字体适用于女用化妆品、饰品、日常生活用品以及服务业等相关主题。

2. 稳重挺拔风格

该字体造型规整严谨，富有力度感，能营造出简洁爽朗的现代氛围，具有较强的视觉冲击力。这种风格的字体适合应用于机械科技等领域的相关主题。

3. 活泼有趣风格

这种字体造型生动活泼，具有鲜明的节奏韵律感，色彩丰富且明快，能让人感受到生机盎然的活力。此类风格的字体适用于儿童用品、运动休闲、时尚产品等主题。

4. 苍劲古朴风格

此风格字体朴素无华，蕴含着古时的风韵，能唤起人们的怀旧情怀。这种风格的字体适用于传统产品、民间艺术品等主题。

如图 11-1 所示为字体设计范例。

图11-1

11.1.2　创意方法

在解构与重组文字时，设计师可借鉴的方法众多，以下仅部分列举。需要注意的是，字体设计成果既要具备美观性，又必须保证可识别性。

1. 塑造笔形　　　　　4. 变换笔形　　　　　7. 突破字体的外形

2. 变换结构　　　　　5. 结构中的形象叠加　　8. 结构的再设计

3. 重组笔形　　　　　6. 黑白区关系变化

11.2　文字工具概述

在平面设计领域，文字始终是画面中不可或缺的元素。精妙的文字布局与设计，有时能起到画龙点睛的奇效，为作品增添独特魅力。

对于商业平面作品来说，文字更是至关重要的内容。唯有借助文字的巧妙点缀与精准说明，才能清晰、完整地传达作品的核心含义，让观者准确理解设计意图。

Photoshop 具备极为强大的文字编辑功能。用户在文档中输入文字后，可运用各类文字工具对文字效果进行细致完善，让文本内容更加鲜活醒目，增强作品的视觉吸引力。

11.2.1　文字的类型

在 Photoshop 中，文字是以数学方式定义的形式来呈现的。当在图像里创建文字时，字符由像素构成，并且这些像素与图像文件拥有相同的分辨率。不过，在将文字栅格化之前，Photoshop 会保留基于矢量的文字轮廓信息。因此，即便对文字进行缩放或者调整其大小，文字也不会因分辨率的限制而出现锯齿现象。

文字的划分方式丰富多样。若从排列方式的角度进行划分，文字可分为横排文字和直排文字；若依据创建的内容来划分，文字能分成点文字、段落文字和路径文字；若按照样式来划分，文字则可归为普通文字和变形文字。

11.2.2　文字工具选项栏

Photoshop 中的文字工具包括"横排文字工具"**T**、"直排文字工具"**IT**、"直排文字蒙版工具"**ﾙT**和"横排文字蒙版工具"**ﾙ** 4 种。其中"横排文字工具"**T**和"直排文字工具"**IT**用来创建点文字、段落文字和路径文字，"横排文字蒙版工具"**ﾙ**和"直排文字蒙版工具"**ﾙT**用来创建文字选区。

在使用文字工具输入文字前，需要在工具选项栏或"字符"面板中设置文字的属性，包括字体、大小和文字颜色等。文字工具选项栏如图 11-2 所示。

| ♠ | T ∨ | IT | Adobe 黑体 Std | ∨ | - | ∨ | IT | 13 点 | ∨ | aa | 平滑 | ∨ | | | | | | |

图11-2

11.3　文字的创建与编辑

本节将对创建与编辑文字的相关知识进行介绍，并学习如何创建和编辑点文字及段落文字。

11.3.1　字符面板

　　"字符"面板用于编辑文字的格式。执行"窗口"→"字符"命令，将调出如图 11-3 所示的"字符"面板。

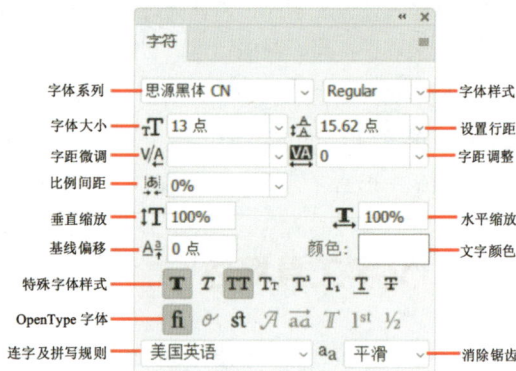

图11-3

11.3.2　创建点文字：新年快乐

　　点文字呈现为水平或垂直排列的单一文本行。当需要创建标题等字数较少的文字内容时，点文字是一种便捷的选择。本例的效果如图 11-4 所示。

图11-4

本例制作要点

※　创建文字并应用图层样式设计字体效果。

※　使用"画笔工具"结合图层蒙版，实现文字填充的局部涂抹效果。

※　利用图层组和栅格化操作管理文字与填充效果，细化最终视觉效果。

11.3.3　了解段落面板

　　"段落"面板用于编辑段落文本。执行"窗口"→"段落"命令，将调出如图 11-5 所示的"段落"面板。

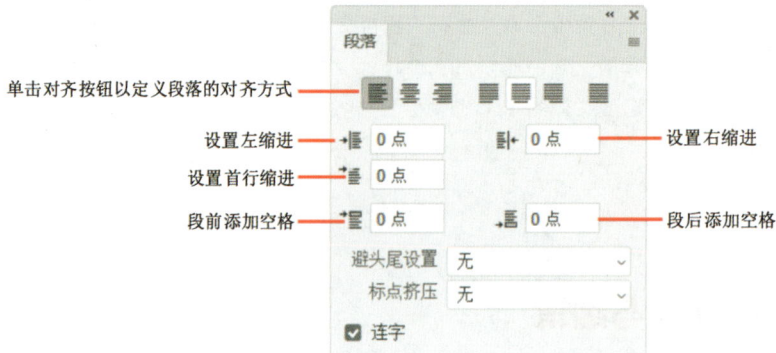

图11-5

11.3.4　创建段落文字：鹤鸣九天

段落文字具备自动换行以及可灵活调整文字区域大小等优势。当需要处理文字量较大的文本时，采用段落文字是一种合适的选择，具体的操作步骤如下。

01 启动Photoshop，按快捷键Ctrl+O，打开相关素材中的"背景.jpg"文件，如图11-6所示。

02 在工具箱中选择"横排文字工具" **T**，在工具选项栏中选择合适的字体，设置合适的字体大小，选择文字颜色为黑色。完成设置后，在画面中单击并向右下角拖动，创建一个文本区域，释放鼠标后会出现闪烁的光标，如图11-7所示。

图11-6　　　　　　　　　　　　　　　　图11-7

03 输入文字，当文字达到文本框边界时会自动换行。输入完毕后，全选文字，单击"切换文本取向"按钮 **↓T**，更改文字的排列方向，如图11-8所示。

04 在文本段落的右上角输入文章标题，在段落的左下角输入作者名，如图11-9所示。

 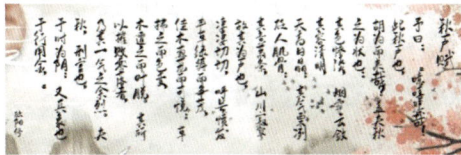

图11-8　　　　　　　　　　　　　　　　图11-9

05 新建一个图层，选择"套索工具" **⟲**，绘制闭合选区。设置前景色为暗红色（#9d0000），按快捷键Alt+Delete为选区填充前景色。选择"横排文字工具" **T**，输入文字，如图11-10所示。最终效果如图11-11所示。

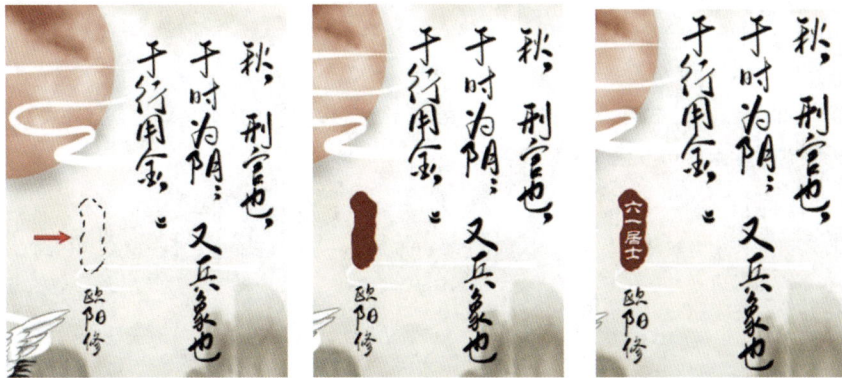

图11-10

延伸讲解： 当单击并拖动鼠标以定义文本区域时，若同时按住 Alt 键，便会弹出"段落文字大小"对话框。在该对话框中，输入"宽度"与"高度"值，即可精确定义文字区域的大小。

图11-11

11.4 变形文字

在 Photoshop 中，文字能够进行变形操作，可将其转换为波浪形、球形等丰富多样的形状，进而创建出富有动感的文字效果。

11.4.1 设置变形选项

在文字工具选项栏中单击"创建变形文字"按钮 ⊥，弹出如图 11-12 所示的"变形文字"对话框，利用该对话框中的样式选项可制作各种文字弯曲变形的艺术效果，如图 11-13 所示。Photoshop 提供了 15 种文字变形样式效果，如图 11-14 所示。

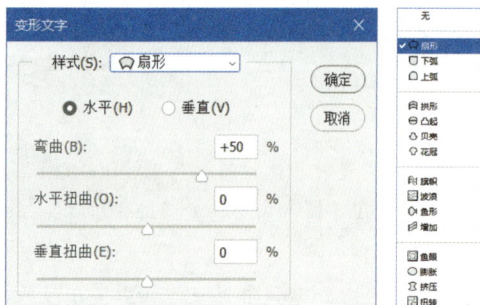

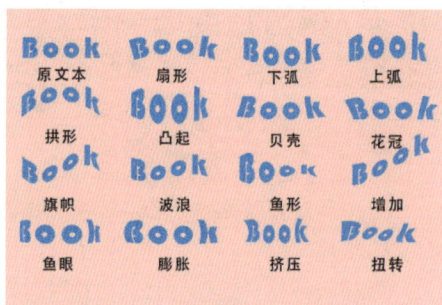

图11-12   图11-13   图11-14

要取消文字的变形效果，可以在"变形文字"对话框的"样式"下拉列表中选择"无"选项，单击"确定"按钮，关闭对话框，即可取消文字的变形。

> **延伸讲解：** 使用"横排文字工具"和"直排文字工具"创建的文本，只要保持文字的可编辑性，即没有将其栅格化、转换成为路径或形状前，可以随时进行重置变形与取消变形的操作。要重置变形，可选择一种文字工具，然后单击工具选项栏中的"创建变形文字"按钮 ⊥，弹出"变形文字"对话框，此时可以修改变形参数，或者在"样式"下拉列表中选择另一种样式。

11.4.2 文字变形

输入文字后，单击工具选项栏中的"创建变形文字"按钮 ⊥，在弹出的"变形文字"对话框中选择"旗帜"选项，并设置相关参数。单击"确定"按钮，关闭对话框，此时得到的文字效果如图 11-15 所示。

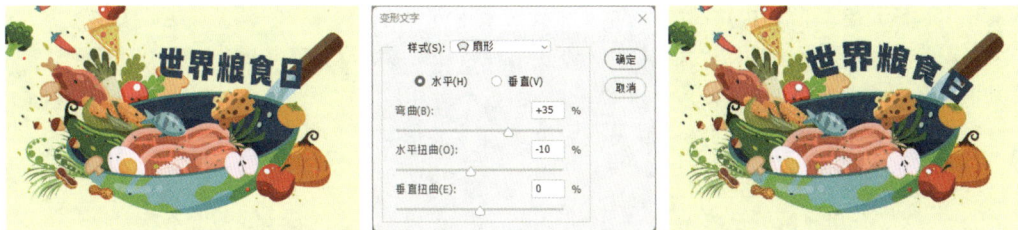

图11-15

11.4.3　创建变形文字：闹元宵

除了利用"变形文字"对话框中的"样式"
快速对文字添加变形效果，还可以直接更改文字
的外观，使文字符合实际的使用需求。本例效果
如图 11-16 所示。

本例制作要点

※　将文字转换为形状，通过删除锚点和添加形
　　状，重新设计文字结构。

※　应用图层样式及绘制光亮效果，增强文字层
　　次感与视觉冲击力。

※　将完成的文字设计与背景素材结合，呈现完
　　整效果。

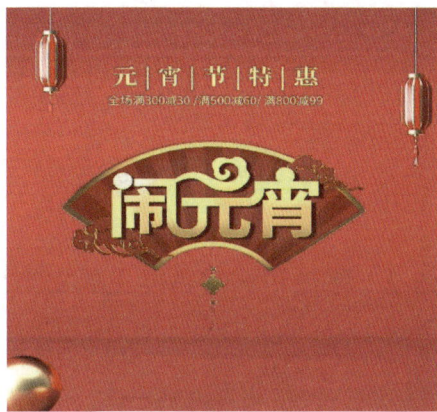

图11-16

11.5　路径文字

路径文字是指创建在路径上的文字，文字会沿着路径排列，改变路径形状时，文字的排列方式也会
随之改变。用于排列文字的路径可以是闭合式的，也可以是开放的。

11.5.1　沿路径排列文字：可爱的小猪

沿路径排列文字，首先要绘制路径，然后使用文字工具输入文字，具体的操作步骤如下。

01　启动Photoshop，按快捷键Ctrl+O，打开相关素材中的"可爱的小猪.jpg"文件，如图11-17所示。

02　选择"钢笔工具" ☑，设置工具模式为"路径"，在画面上方绘制一段开放路径，如图11-18所示。

图11-17

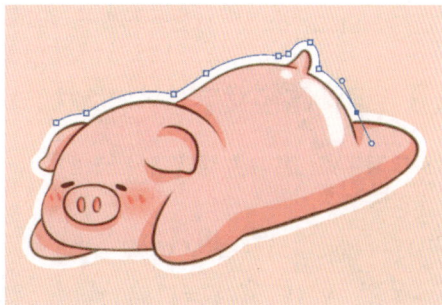

图11-18

03 选择"横排文字工具" **T**，在工具选项栏中设置字体为"思源宋体"，设置合适的文字大小，选择文字颜色为红色，移动鼠标指针至路径上方（鼠标指针会显示为 形状），如图11-19所示。

04 单击输入文字，文字输入完成后，在"字符"面板中调整合适的"字距" 参数。按快捷键Ctrl+H隐藏路径，文字沿着路径排列的效果如图11-20所示。

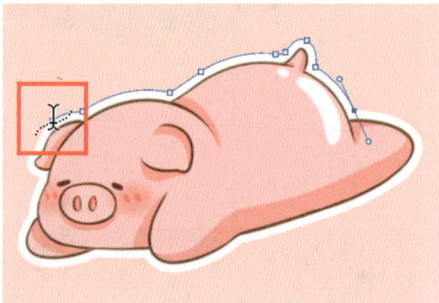
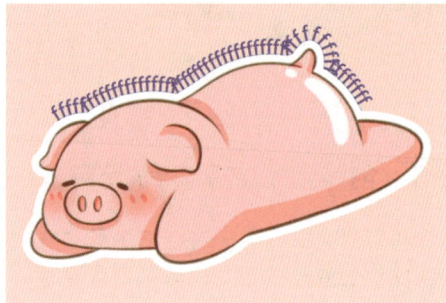

图11-19   图11-20

延伸讲解： 如果觉得路径文字排列太过紧凑，可以选中文字后，在"字符"面板中调整所选字符的间距。

11.5.2 移动和翻转路径上的文字：巧克力饼干

在Photoshop中，不仅可以沿路径编辑文字，还可以移动、翻转路径中的文字，具体的操作步骤如下。

01 启动Photoshop，按快捷键Ctrl+O，打开相关素材中的"饼干.jpg"文件，如图11-21所示。

02 在"图层"面板中选中文字所在的图层，画面中会显示对应的文字路径。在工具箱中选择"路径选择工具" 或"直接选择工具" ，移动鼠标指针至文字上方，当鼠标指针显示为 状时单击并拖动鼠标，如图11-22所示。通过上述操作，即可改变文字在路径上的起始位置，如图11-23所示。

03 将文字还原至最初状态，使用"路径选择工具" 或"直接选择工具" ，单击并朝路径的另一侧拖动文字，可以翻转文字（文字由路径外侧翻转至路径内侧），如图11-24所示。

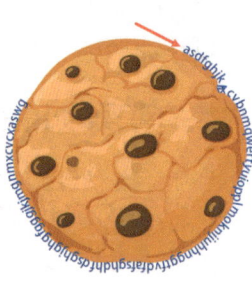

图11-21   图11-22   图11-23   图11-24

11.5.3 调整路径文字：广州地标

前面学习了如何移动并翻转路径上的文字，接下来学习沿路径排列后编辑文字路径的操作方法，具体的操作步骤如下。

01 启动Photoshop，按快捷键Ctrl+O，打开相关素材中的"路径文字.psd"文件，如图11-25所示。

02 在"图层"面板中选择文字图层，选择"直接选择工具" ，单击路径显示锚点，如图11-26所示。

图11-25

图11-26

03 移动锚点或者调整方向线，可以修改路径的形状，文字会沿修改后的路径重新排列，如图11-27和图11-28所示。

图11-27

图11-28

延伸讲解： 文字路径是无法在"路径"面板中直接删除的，除非在"图层"面板中删除文字路径所在的图层。

11.6 编辑文本命令

在 Photoshop 中，除了可以在"字符"和"段落"面板中编辑文本，还可以通过相应命令编辑文字，如进行拼写检查、查找和替换文本等。

11.6.1 拼写检查

执行"编辑"→"拼写检查"命令，可以检查当前文本中英文单词的拼写是否有误，如果检查到错误，Photoshop 还会提供修改建议。选择需要检查拼写错误的文本，执行"拼写检查"命令后，弹出"拼写检查"对话框，显示检查信息，如图11-29 所示。

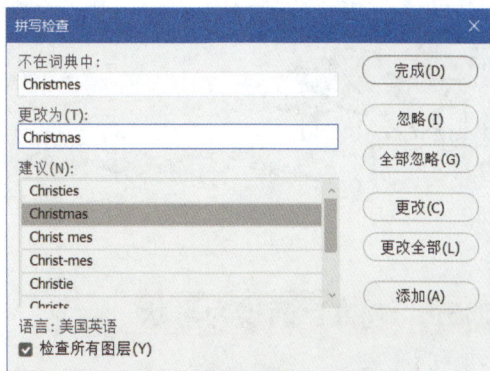

图11-29

11.6.2　查找和替换文本

执行"编辑"→"查找和替换文本"命令，弹出"查找和替换文本"对话框，可以查找到当前文本中需要修改的文字、单词、标点或字符，并将其替换为正确的内容，如图 11-30 所示。

在进行查找时，只需在"查找内容"文本框中输入要替换的内容，然后在"更改为"文本框中输入用来替换的内容，单击"查找下一个"按钮，Photoshop 会将搜索到的内容高亮显示，单击"更改"按钮，可将其替换。如果单击"更改全部"按钮，则搜索并替换所找到文本的全部匹配项，并弹出如图 11-31 所示的提示对话框，告知用户更改的结果。

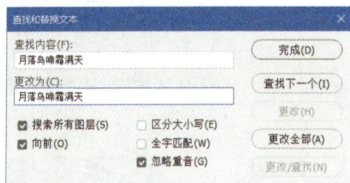

图11-30　　　　　　　　　　　图11-31

11.6.3　更新所有文字图层

在 Photoshop 2025 中导入低版本 Photoshop 中创建的文字时，执行"文字"→"更新所有文字图层"命令，可将其转换为矢量图形。

11.6.4　替换所有欠缺字体

打开文件时，如果该文档中的文字使用了系统中没有的字体，会弹出警告信息对话框，指明缺少哪些字体，出现这种情况时，可以执行"文字"→"替换所有欠缺字体"命令，使用系统中安装的字体替换文档中欠缺的字体。

11.6.5　基于文字创建工作路径

选择一个文字图层，如图 11-32 所示，执行"文字"→"创建工作路径"命令，可以基于文字生成工作路径，原文字图层保持不变，如图 11-33 所示。生成的工作路径可以应用到填充和描边，或者通过调整锚点得到变形文字。

图11-32　　　　　　　　　　　图11-33

11.6.6　将文字转换为形状

选择文字图层，如图 11-34 所示，执行"文字"→"转换为形状"命令，或者右击文字图层，在弹出的快捷菜单中选择"转换为形状"选项，可以将其转换为具有矢量蒙版的形状图层，如图 11-35 所示。

需要注意的是，此操作后，原文字图层将不会保留。

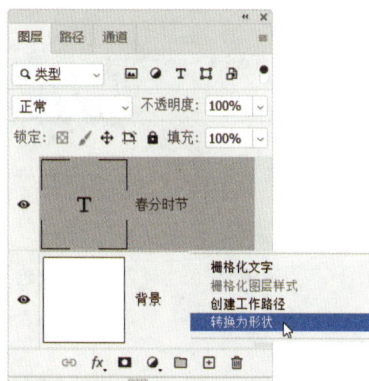

图11-34

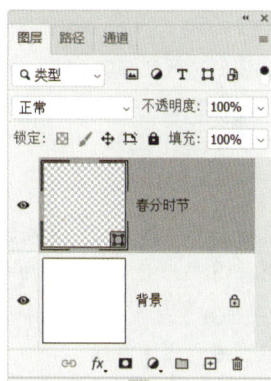

图11-35

11.6.7 栅格化文字

在"图层"面板中选择文字图层，执行"文字"→"栅格化文字图层"命令，或者执行"图层"→"栅格化"→"文字"命令，可以将文字图层栅格化，使文字变为图像。栅格化后的图像可以用"画笔工具"和滤镜等进行编辑，但不能对文字内容进行修改。

11.7 应用案例：制作萌萌哒文字

在本例中，首先绘制与可爱风格相似的文字，再在此基础上调整文字的结构，接着更改文字某部分的颜色，增加灵动性。为文字添加图层样式，如描边、内阴影以及投影，使文字更加立体。最后添加配饰，丰富文字的表现效果。本例效果如图 11-36 所示。

图11-36

本例制作要点

※ 运用文字工具和变换工具对字体进行编辑，包括倾斜、缩放、移动等操作，形成独特的动态文字效果。

※ 通过图层样式（如描边、内阴影、投影）增加文字立体感与层次感。

※ 使用剪贴蒙版与"画笔工具"为文字添加涂抹效果，同时配合"形状工具"和"钢笔工具"绘制辅助装饰线条。

※ 导入帆船素材图片并结合图层样式统一设计风格，完善最终画面效果。

11.8 课后练习：奶酪文字

本例将结合滤镜与选区工具，创建一款自定义图案，然后利用该图案填充文字，从而制作一款立体感十足的奶酪文字。本例效果如图11-37所示。

本例制作要点

※ 使用"椭圆选框工具"结合填充与删除操作，设计奶酪质感的图案并定义为图案样式。

※ 在文字层的基础上，运用选区和图案填充功能将奶酪图案应用到文字内部。

※ 配合字体和其他图层操作，完成整体奶酪风格的文字设计。

图11-37

11.9 复习题

在本例中，综合所学知识，练习创建手写字体，如图11-38所示。

图11-38

第12章
智能滤镜：Camera Raw滤镜的应用

滤镜堪称 Photoshop 中的"万花筒"，能在瞬间打造出诸多令人目不暇接的特殊效果。比如，可营造出印象派绘画般的艺术质感，呈现马赛克拼贴的独特外观，还能添加别具一格的光照效果与扭曲效果。本章将深入剖析一些常用滤镜效果的运用，以及滤镜在图像处理中的具体应用方法和实用技巧。

12.1 认识滤镜

Photoshop 提供了丰富多样的滤镜，它们在功能和应用场景上各有千秋，但在使用方法上却存在诸多相似之处。深入了解和熟练掌握这些使用方法与技巧，对于提高滤镜的使用效率大有裨益。

12.1.1 什么是滤镜

Photoshop 滤镜属于插件模块，其具备操纵图像中像素的能力。由于位图是由像素构成的，且每个像素都拥有特定的位置和颜色值，因此滤镜可通过改变像素的位置或颜色值来生成各种特效。

12.1.2 滤镜的种类

滤镜主要分为内置滤镜和外挂滤镜这两大类。内置滤镜是 Photoshop 自身所配备的各类滤镜；而外挂滤镜则是由其他厂商研发的，这类滤镜需要安装到 Photoshop 中方可使用。接下来，将详细讲解 Photoshop 2025 内置滤镜的使用方法与技巧。

12.1.3 滤镜的使用

熟练掌握一些滤镜的使用规则与技巧，能够有效避免陷入操作误区。

1. 使用规则

当使用滤镜处理某个图层中的图像时，必须先选中该图层，且该图层需处于可见状态，即其缩览图前会显示 ◉ 图标。滤镜与绘画工具或其他修饰工具类似，仅能处理当前所选图层中的图像，无法同时处理多个图层中的图像。滤镜的处理效果以像素为单位，使用相同参数处理不同分辨率的图像时，所呈现的效果会有所差异。

在众多滤镜中，只有"云彩"滤镜可应用在没有像素的区域，其他滤镜都必须应用在包含像素的区域，否则无法使用这些滤镜（外挂滤镜除外）。若已创建选区，如图 12-1 所示，滤镜将仅处理选中的图像，如图 12-2 所示；若未创建选区，则会处理当前图层中的全部图像。

图12-1   图12-2

2. 使用技巧

※   在滤镜对话框中设置参数时，按住 Alt 键，"取消"按钮会转变为"复位"按钮，如图 12-3 所示，
    单击此按钮，可将参数恢复至初始状态。

图12-3

※   使用一个滤镜后，"滤镜"菜单中会显示该滤镜的名称，单击该名称或按快捷键 Ctrl+F，可快速再
    次应用此滤镜。若需修改滤镜参数，可按快捷键 Alt+Ctrl+F，弹出相应对话框重新设定。

※   在应用滤镜的过程中，若要终止处理，可按 Esc 键。

※   使用滤镜时，通常会弹出滤镜库或相应的对话框，在预览框中可预览滤镜效果。单击 ⊕ 或 ⊖ 按钮，
    可调整显示比例；单击并拖动预览框内的图像，可移动图像位置，如图 12-4 所示；若想查看某一特
    定区域，可在文档中单击该区域，滤镜预览框中便会显示单击处的图像，如图 12-5 所示。

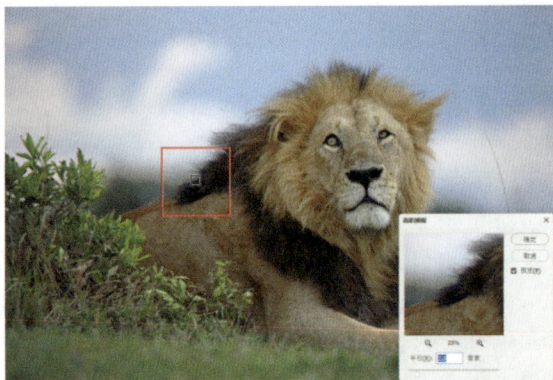

图12-4   图12-5

※   使用滤镜处理图像后，执行"编辑"→"渐隐"命令，可修改滤镜效果的混合模式和不透明度。

12.1.4　提高滤镜工作效率

部分滤镜在运行时会占用大量内存，特别是在将其应用于大尺寸、高分辨率图像时，处理速度会变得极为缓慢。

※　倘若图像尺寸较大，可先选取图像的部分区域来试验滤镜效果，待获得满意结果后，再将其应用于整幅图像。若图像尺寸巨大导致内存不足，可将滤镜应用于单个通道中的图像以添加滤镜效果。

※　在运行滤镜之前，建议先执行"编辑"→"清理"→"全部"命令，以此释放内存。同时，可将更多内存分配给 Photoshop。若有必要，可关闭其他正在运行的应用程序，从而为 Photoshop 提供更多可用内存。

12.2　智能滤镜

智能滤镜，本质上是指应用于智能对象的滤镜。与普通图层上应用的滤镜不同，Photoshop 存储的是智能滤镜的参数与设置，而非图像应用滤镜后的效果。在应用滤镜时，若发现某个滤镜的参数设置不合理、滤镜应用顺序有误，或者某个滤镜不再需要，用户能够像更改图层样式那样，直接关闭该滤镜或重新设定滤镜参数。此时，Photoshop 会依据新的参数对智能对象重新进行计算与渲染。

12.2.1　智能滤镜与普通滤镜的区别

在 Photoshop 中，普通滤镜是通过改变像素来达成效果生成的。图 12-6 展示的是一个图像文件，图 12-7 呈现的则是经"镜头光晕"滤镜处理后的效果。从"图层"面板能够看出，"背景"图层的像素已被修改。倘若将图像保存并关闭，便无法再恢复到原来的效果。

图12-6

图12-7

智能滤镜属于非破坏性滤镜，它会把滤镜效果施加于智能对象，而不会更改图像的原始数据。如图

12-8 所示为"镜头光晕"智能滤镜的处理成果，其与普通"镜头光晕"滤镜所呈现的效果完全一致。

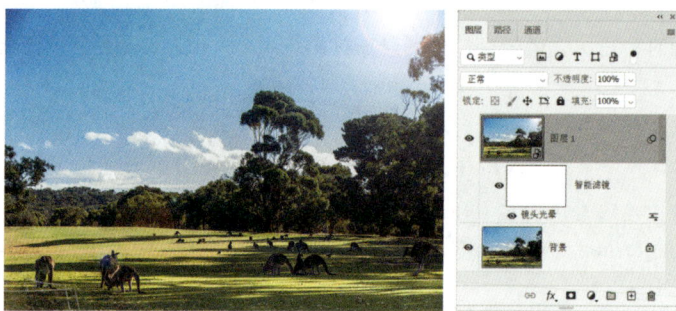

图12-8

延伸讲解： 遮盖智能滤镜时，蒙版会应用于当前图层中的所有智能滤镜，单个智能滤镜无法遮盖。执行"图层"→"智能滤镜"→"停用滤镜蒙版"命令，可以暂时停用智能滤镜的蒙版，蒙版上会出现一个红色的×图标；执行"图层"→"智能滤镜"→"删除滤镜蒙版"命令，可以删除蒙版。

12.2.2 使用智能滤镜：滑雪

若要应用智能滤镜，需要先将图层转换为智能对象，也可以执行"滤镜"→"转换为智能滤镜"命令。具体的操作步骤如下。

01 启动Photoshop，按快捷键Ctrl+O，打开相关素材中的"滑雪.jpg"文件，如图12-9所示。

02 选择"背景"图层，按快捷键Ctrl+J，得到"图层1"。

03 选择"图层1"，执行"滤镜"→"转换为智能滤镜"命令，弹出提示对话框，单击"确定"按钮，将"图层1"图层转换为智能对象，如图12-10所示。

图12-9

图12-10

延伸讲解： 当滤镜应用于智能对象时，该滤镜即为智能滤镜。若当前图层已是智能对象，可直接对其应用滤镜，无须再执行转换为智能滤镜的操作。

04 将前景色设置为黄色（#f1c28a），执行"滤镜"→"滤镜库"命令，弹出"滤镜库"对话框。为对象添加"素描"组中的"半调图案"滤镜，并将"图像类型"设置为"网点"，如图12-11所示。

05 单击"确定"按钮，对图像应用智能滤镜，效果如图12-12所示。

06 设置"图层1"图层的混合模式为"线性加深"，效果如图12-13所示。

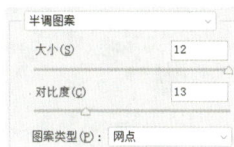

图12-11　　　　　　　　　　　　　图12-12

图12-13

12.2.3　编辑智能滤镜：亲子滑雪

添加智能滤镜效果后，可以进行修改，具体的操作步骤如下。

01 启动Photoshop，按快捷键Ctrl+O，打开相关素材中的"亲子滑雪.psd"文件，如图12-14所示。

02 在"图层"面板中双击"图层1"的"滤镜库"智能滤镜，如图12-15所示。

图12-14　　　　　　　　　　　　　图12-15

03 在弹出的对话框中，选择"纹理化"滤镜，在右侧修改滤镜参数，如图12-16所示，修改完成后，单击"确定"按钮即可预览修改后的效果。

04 修改图层混合模式为"柔光"，效果如图12-17所示。

> **延伸讲解：** 为普通图层应用滤镜时，需要执行"编辑"→"渐隐"命令来修改滤镜的不透明度和混合模式。而智能滤镜不同，可以随时双击智能滤镜旁边的"编辑滤镜混合选项"图标 ≂ 来修改不透明度和混合模式。

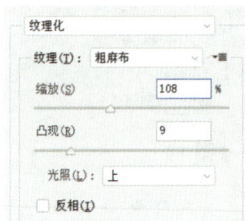

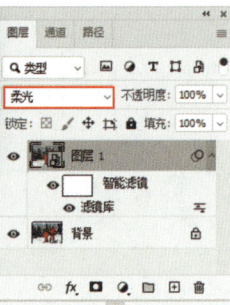

图12-16 图12-17

05 在"图层"面板中双击"滤镜库"智能滤镜旁的"编辑滤镜混合选项"图标，如图12-18所示。

06 弹出"混合选项（滤镜库）对话框"，可设置滤镜的不透明度和混合模式，如图12-19所示。

07 在"图层"面板中，单击"滤镜库"智能滤镜前的 ◉ 图标，如图12-20所示，可隐藏该智能滤镜效果，再次单击该图标，可重新显示智能滤镜。

08 在"图层"面板中，解锁"背景"图层，得到"图层0"图层，并将该图层转换为智能对象。按住Alt键的同时将鼠标指针放在智能滤镜图标◎上，如图12-21所示。

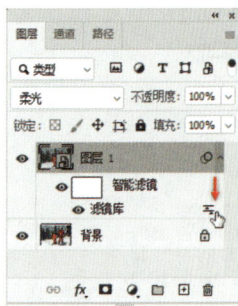

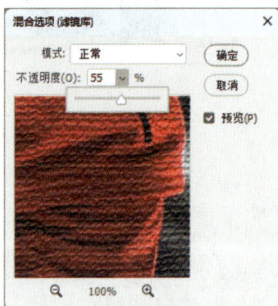

图12-18 图12-19 图12-20 图12-21

09 从一个智能对象拖动到另一个智能对象，便可复制智能效果，如图12-22和图12-23所示。

答疑解惑：哪些滤镜可以作为智能滤镜使用？除"液化"和"消失点"等少数滤镜外，其他滤镜都可以作为智能滤镜使用，其中包括支持智能滤镜的外挂滤镜。此外，在"图像"→"调整"菜单中的"阴影/高光"和"变化"命令也可以作为智能滤镜来应用。

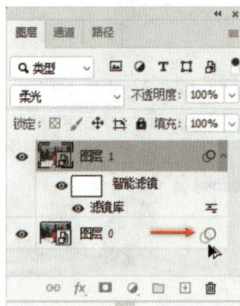

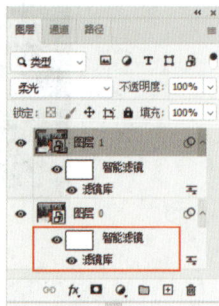

图12-22 图12-23

12.3 滤镜库

"滤镜库"是一个整合了风格化、画笔描边、扭曲、素描等多个滤镜组的对话框。借助它，用户既能够同时将多个滤镜应用于同一图像，也可以针对同一图像多次应用同一个滤镜，还能使用其他滤镜替换图像中原有的滤镜。

12.3.1 滤镜库概览

执行"滤镜"→"滤镜库"命令，或者使用风格化、画笔描边、扭曲、素描和艺术效果滤镜组中的滤镜时，都可以弹出"滤镜库"对话框，如图 12-24 所示。

图12-24

12.3.2 效果图层

在"滤镜库"中选择一个滤镜后，它就会出现在对话框右下角的已应用滤镜列表中，如图 12-25 所示。单击"新建效果图层"按钮⊞，可以添加一个效果图层，此时可以选择其他滤镜，图像效果也将变得更加丰富。

图12-25

滤镜效果图层与图层的编辑方法相同，上下拖曳效果图层可以调整它们的堆叠顺序，滤镜效果也会发生改变，如图 12-26 所示。单击⑪按钮可以删除效果图层，单击◉图标可以隐藏或显示滤镜效果。

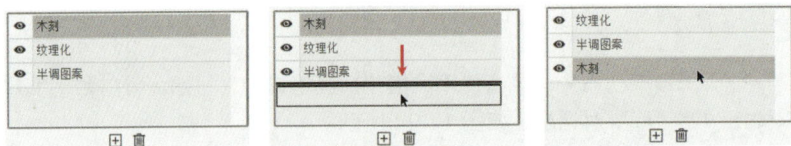

图12-26

12.4 常用滤镜组

Photoshop 2025 为用户提供了丰富多样的滤镜效果，并对这些效果进行了科学的分类。在软件的工作界面中，用户只需展开"滤镜"菜单，便能看到各类滤镜组，如图 12-27 所示。接下来，将简要介绍一些常用的滤镜组。

图12-27

12.4.1 风格化滤镜组

风格化滤镜组涵盖了查找边缘、等高线、风、浮雕效果、扩散、拼贴、曝光过度、凸出、油画这几种滤镜。运用这类滤镜，能够置换像素、查找并增强图像的对比度，进而营造出绘画与印象派风格的效果。如图 12-28 所示为风格化滤镜组中"查找边缘"滤镜应用前后的效果对比。

图12-28

12.4.2 模糊滤镜组

模糊滤镜组包含表面模糊、动感模糊、方框模糊、高斯模糊、进一步模糊、径向模糊、镜头模糊、模糊、平均、特殊模糊、形状模糊等多种滤镜。借助这类滤镜，能够有效柔化像素、降低相邻像素间的对比度，让图像呈现柔和、平滑的过渡效果。如图 12-29 所示为模糊滤镜组中"表面模糊"滤镜应用前后的效果对比。

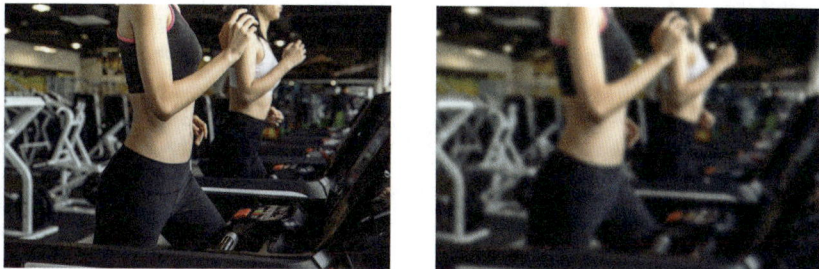

图12-29

12.4.3　打造运动模糊效果：户外骑行

使用"动感模糊"滤镜可以模拟出高速跟拍产生的带有运动方向的模糊效果，具体的操作步骤如下。

01 启动Photoshop，按快捷键Ctrl+O，打开相关素材中的"户外骑行.jpg"文件，如图12-30所示。

02 按快捷键Ctrl+J复制"背景"图层，得到"图层1"图层。选择"图层1"图层，执行"滤镜"→"转换为智能滤镜"命令，图层缩览图右下角将出现相应图标，如图12-31所示。

图12-30

图12-31

03 执行"滤镜"→"模糊"→"动感模糊"命令，在弹出的"动感模糊"对话框中设置"角度"为-13度，设置"距离"为258像素，如图12-32所示。单击"确定"按钮完成设置，此时得到的画面效果如图12-33所示。

图12-32

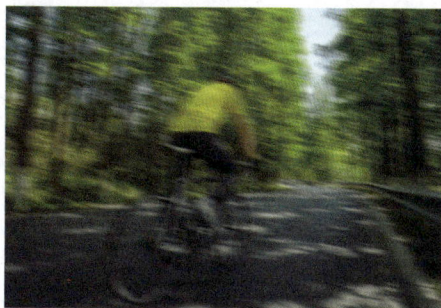

图12-33

04 在"图层"面板中，单击选中智能滤镜的图层蒙版，如图12-34所示。

05 选择工具箱中的"画笔工具" ✐，调出"画笔"面板，选择柔边圆笔刷，设置"画笔大小"为150像素，设置"硬度"为10%，如图12-35所示。

06 将前景色设置为黑色，然后在画面中自行车的位置进行涂抹，最终效果如图12-36所示。

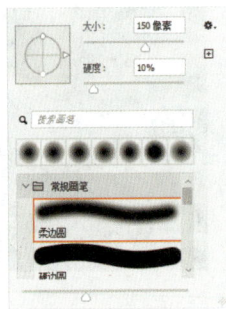

图12-34　　　　　　　　　　图12-35　　　　　　　　　　　图12-36

12.4.4　扭曲滤镜组

扭曲滤镜组涵盖了波浪、波纹、极坐标、挤压、切变、球面化、水波、旋转扭曲、置换等多种滤镜。这类滤镜通过构建三维或其他形态效果，对图像实施几何变形，进而营造出 3D 或其他扭曲效果。如图12-37 所示为扭曲滤镜组中"旋转扭曲"滤镜应用前后的效果对比。

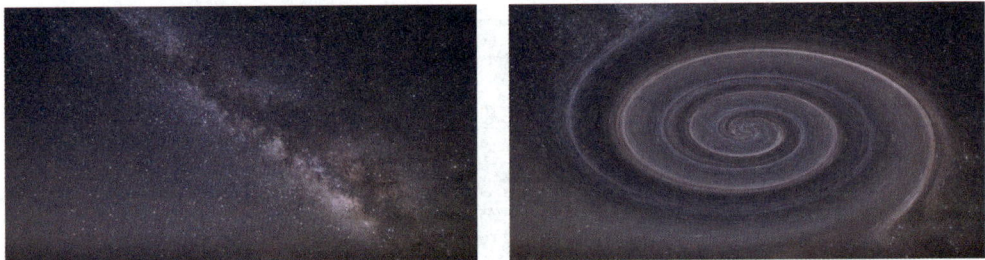

图12-37

12.4.5　制作水中涟漪效果：一叶扁舟

下面将主要利用"水波"滤镜来制作水中的涟漪效果，具体的操作步骤如下。

01 启动Photoshop，按快捷键Ctrl+O，打开相关素材中的"泸沽湖.jpg"文件，如图12-38所示。

02 按快捷键Ctrl+J复制"背景"图层，得到"图层1"图层。右击"图层1"图层，在弹出的快捷菜单中选择"转换为智能对象"选项，将复制得到的图层转换为智能对象。

03 执行"滤镜"→"扭曲"→"水波"命令，在弹出的"水波"对话框中设置"数量"值为100，"起伏"值为20，"样式"选择"水池波纹"，如图12-39所示。

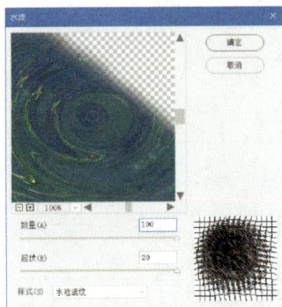

图12-38　　　　　　　　　　　　　　　图12-39

04 设置完成后，单击"确定"按钮，此时得到的图像效果如图12-40所示。

05 在"图层"面板中选择水波所在的图层，单击"添加图层蒙版"按钮 ▣，为该图层创建图层蒙版，如图12-41所示。

图12-40   图12-41

06 将前景色设置为黑色，选择工具箱中的"画笔工具" ✒️，调出"画笔"面板，选择柔边圆笔刷，将画笔调整到合适大小后，涂抹湖面上的小舟，将覆盖小舟的涟漪擦去，最终效果如图12-42所示。

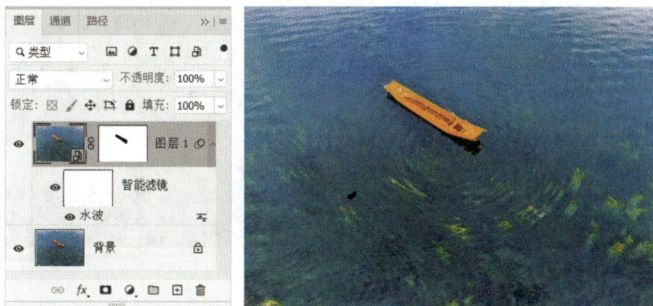

图12-42

12.4.6　锐化滤镜组

锐化滤镜组包含 USM 锐化、防抖、进一步锐化、锐化、锐化边缘、智能锐化等多种滤镜。运用这类滤镜，能够增强相邻像素间的对比度，进而使模糊的图像变得清晰。如图12-43所示为锐化滤镜组中"USM 锐化"滤镜应用前后的效果对比。

图12-43

12.4.7　像素化滤镜组

像素化滤镜组包含彩块化、彩色半调、点状化、晶格化、马赛克、碎片、铜版雕刻等多种滤镜。这类滤镜能够将单元格中颜色值相近的像素结成块状，从而清晰地界定一个选区，可用于打造彩块、点状、晶格和马赛克等特殊效果。如图 12-44 所示为像素化滤镜组中"点状化"滤镜应用前后的效果对比。

图 12-44

12.4.8　渲染滤镜组

渲染滤镜组包含火焰、图片框、树、分层云彩、光照效果、镜头光晕、纤维、云彩等多种滤镜。借助这些滤镜，用户可以在图像中营造出灯光辉映效果、三维立体形态以及折射光影图案等特效。它们是图像特效制作领域不可或缺的重要工具。如图 12-45 所示为渲染滤镜组中"镜头光晕"滤镜应用前后的效果对比。

图 12-45

12.4.9　为照片添加唯美光晕：散步

"镜头光晕"滤镜常用于模拟光线投射至相机镜头后，经折射作用所产生的眩光效果。在实际摄影环节，通常需要尽可能规避眩光的出现；不过，在图像后期处理阶段，合理添加适量的眩光元素，能够使画面呈现更为丰富多元的视觉效果。具体的操作步骤如下。

01 启动Photoshop，按快捷键Ctrl+O，打开相关素材中的"老年夫妇.jpg"文件，如图12-46所示。

02 由于"镜头光晕"滤镜需要直接作用于画面，容易对原图造成破坏，因此需要新建图层，并为其填充黑色，然后将图层的混合模式设置为"滤色"，如图12-47所示。这样既可将黑色部分去除，且不会对原始画面造成破坏。

图 12-46

图 12-47

03 选择"图层1"图层，执行"滤镜"→"渲染"→"镜头光晕"命令，在弹出的"镜头光晕"对话框中，拖曳缩览图中的+图标，即可调整光源的位置，并对光源的"亮度"与"镜头类型"进行调整，如图12-48所示。调整完成后，单击"确定"按钮，最终效果如图12-49所示。

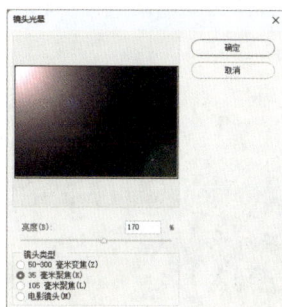

图12-48　　　　　　　　　　　　图12-49

04 重复上述操作，新建一个图层，填充黑色，设置图层混合模式为"滤色"，添加"镜头光晕"滤镜，最后将左下角的光晕使用"橡皮擦工具" ✎ 去除，效果如图12-50所示。

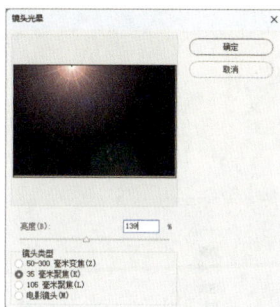

图12-50

延伸讲解： 若对当前效果不满意，可在已填充的黑色图层上调整其位置或缩放比例，此操作方式能有效避免对原图层造成不可逆的破坏。此外，还可按下快捷键Ctrl+J复制该图层，获得一个副本图层后，再基于副本图层开展后续操作。

12.4.10　杂色滤镜组

杂色滤镜组涵盖了"减少杂色""蒙尘与划痕""去斑""添加杂色""中间值"这5种滤镜。借助此类滤镜的处理效果，用户能够根据实际需求，对图像中的杂色（即随机分布、影响画面纯净度的像素点）进行添加或去除操作，进而打造出独具特色的纹理效果。如图12-51所示为杂色滤镜组中"添加杂色"滤镜应用前后的效果对比。

图12-51

12.4.11 雪景制作：冬日雪景

"添加杂色"滤镜能够向图像中随机融入单色或彩色的像素点，从而模拟自然、随机的颗粒质感。接下来，将借助该滤镜来打造逼真的雪景效果。本例的最终效果如图12-52所示。

图12-52

本例制作要点

※ 使用"矩形选框工具"和黑色填充创建背景，模拟夜晚的雪景效果。

※ 通过添加杂色和反选删除操作，逐步实现雪花的效果。

※ 应用动感模糊和图层混合模式，增强雪景的动感和层次感。

12.4.12 其他滤镜

"其他"滤镜组不仅为用户提供了自定义滤镜的命令，还具备通过滤镜修改蒙版、使图像中的选区产生位移以及快速调整图像颜色的实用功能。该滤镜组包括"HSB/HSL""高反差保留""位移""自定""最大值""最小值"这6种滤镜，如图12-53所示。

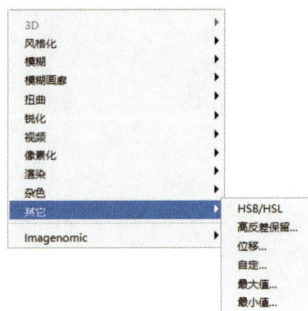

图12-53

12.5 Camera Raw 滤镜

Adobe Camera Raw 作为一款功能卓越的 RAW 图像编辑工具软件，具备广泛的文件格式兼容性，不仅能够处理 Raw 格式文件，还可对 JPG 格式文件进行编辑处理。该软件主要聚焦于数码照片的修饰与调色工作，凭借其强大的算法与功能设计，用户能够在不破坏原始图像数据（即不损坏原片）的前提下，对照片进行批量、高效、专业且快速的处理操作。

12.5.1 Camera Raw 工作界面

在 Photoshop 中打开一张 RAW 格式的照片会自动启动 Camera Raw。对于其他格式的图像，则需要执行"滤镜"→"Camera Raw 滤镜"命令来打开 Camera Raw。Camera Raw 的工作界面简洁实用，如图12-54所示。

转换并存储对象　打开"首选项"对话框

直方图

工具栏

图像调整选项卡

缩放图像

切换视图

图12-54

　　若文件是直接在 Adobe Camera Raw 中打开的，完成各项参数调整后，单击界面中的"打开对象"按钮，如图 12-55 所示，该文件便会在 Photoshop 中开启。若文件是通过执行 Photoshop 菜单栏中的"滤镜"→"Camera Raw 滤镜"命令打开的，则需要在操作界面右下角单击"确定"按钮，以此完成当前处理流程。

图12-55

延伸讲解： 在数码单反相机的照片存储格式设置选项中，用户能够选择 JPG 或 RAW 格式进行存储。即便在拍摄时选定了 RAW 格式，最终生成照片的文件后缀名通常并非.raw。如图12-56所示，为使用佳能数码相机拍摄的 RAW 格式文件示例。实际上，.raw并非一种标准化的图像格式后缀名。严格来讲，RAW 并非传统意义上的图像文件，而是一个数据包，它可被视作照片在转换为可直观查看的图像文件之前所包含的一系列原始数据信息集合。

图12-56

195

12.5.2　Camera Raw 工具栏

在 Camera Raw 工作界面的右侧，集中设置了常用的局部调整工具。用户可通过交互式操作，对画面中的特定区域进行精细化处理。为优化工具栏的显示布局，软件支持用户通过拖曳操作调整其展开方向。具体界面布局如图 12-57 所示。

图12-57

12.5.3　图像调整选项卡

在 Camera Raw 工作界面的右侧集中了大量的图像调整选项，这些选项被分为多个组，以选项卡的形式展示在界面中。与常见的文字标签形式的选项卡不同，这里是以按钮的形式显示，单击某一按钮，即可切换到相应的选项卡，如图 12-58 所示。

图12-58

图像调整选项说明如下。

※　亮：用来调整图像的曝光度、对比度等。

※　颜色：用来调整图像的白平衡。

※　效果：可以为图像添加或去除杂色，还可以用来制作晕影暗角特效。

※　曲线：用来对图像的亮度、阴影等进行调节。

※　混色器：可以对颜色进行色相、饱和度、明度等调整。

※　颜色分级：可以分别对中间调区域、高光区域和阴影区域进行色相和饱和度的调整。

※　细节：用来锐化图像与减少杂色。

※　光学：用来去除因镜头原因造成的图像缺陷，如扭曲、晕影、紫边等。

※　镜头：用来调整图像的镜头量和焦距范围以及可视化深度。

※　几何：校正图像的透视效果。

※　校准：不同相机都有自己的颜色与色调调整设置，拍摄出的照片颜色也会存在些许偏差。在"校准"选项卡中，可以对这些色偏问题进行校正。

12.5.4　实战——使用 Camera Raw 滤镜

通过 Camera Raw 滤镜可以有效校正图像色偏，本例效果如图 12-59 所示。

图12-59

本例制作要点

※　使用 Camera Raw 滤镜调整图像的基本色调与颜色。

※　调整图像的色相、饱和度和明度，优化色彩表现。

※　通过添加颗粒效果，完成最终效果。

12.6　Neural Filters：改善少女肌肤

Neural Filters（神经网络滤镜）提供了多种类型的滤镜功能，例如皮肤平滑滤镜、智能肖像滤镜、妆容迁移滤镜等。本节将详细介绍皮肤平滑滤镜的使用方法。

当选择并应用皮肤平滑滤镜时，它能在一定程度上淡化皮肤表面的疤痕、痘印等瑕疵，让皮肤呈现更为平滑且富有光泽的质感。不过需要明确的是，滤镜功能虽强大，但并非无所不能。它主要是通过算法对图像进行处理，能在视觉上减轻疤痕与痘印对整体肤质呈现的影响，却无法真正使皮肤恢复到未受损时的原生状态。为了达到更理想的皮肤修饰效果，通常需要结合使用其他图像编辑工具，如"修复画笔工具""污点修复画笔工具"等，对细节进行进一步优化，从而让皮肤在图像中呈现最佳状态。本例效果如图 12-60 所示。

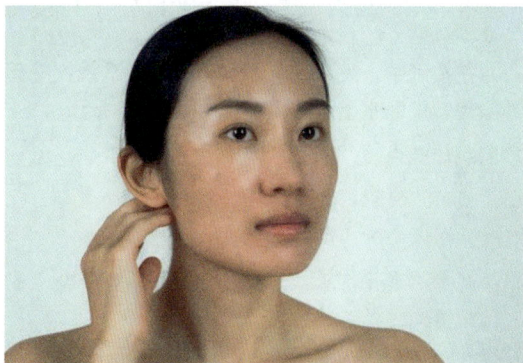

图12-60

本例制作要点

※　使用 Neural Filters 中的"皮肤平滑度"功能，减轻皮肤瑕疵，改善肤质。

※　通过"污点修复画笔工具"，精细修复痘印和瑕疵，进一步优化皮肤效果。

提示："污点修复画笔工具"虽能有效淡化或遮盖部分疤痕、痘印等瑕疵，但无法彻底消除所有此类痕迹。在操作过程中，需要格外留意，避免因过度处理导致皮肤表面出现失真、生硬的效果，而应注重保留皮肤原有的自然质感与光泽，使修饰后的皮肤效果更显真实、自然。

12.7 应用案例：蓝天下的小狗

在本例中，主要使用 Camera Raw 滤镜对图像进行调色，使图像变得明亮活泼，案例效果如图 12-61 所示。

图12-61

本例制作要点

※ 使用 Camera Raw 滤镜调整整体画面，包括亮度、颜色、曲线等基本参数。

※ 通过混色器、颜色分级等工具进一步优化色彩与细节。

※ 通过可选颜色与色彩平衡调整，完善图像的色调。

※ 最后通过锐化处理，提升图像清晰度，完成整体效果。

12.8 课后练习——墨池荷香

在本例中，使用 Photoshop 内置滤镜，将普通照片转换为水墨画效果，如图 12-62 所示。

本例制作要点

※ 使用"阴影/高光"与"黑白"调整命令，优化图像的对比度与色调。

※ 利用"色彩范围"与"反相"调整命令，去除图像背景并调整色彩效果。

※ 在图像上添加文字，并通过调整图层及图像大小，使整体合成效果协调统一。

图12-62

12.9 ▷ 复习题

打开图像后复制图层，将图层副本转换为智能对象，并为其添加"滤镜库"中的"基底凸现"滤镜。将图层副本的图层混合模式改为"明度"，再调整不透明度，效果对比如图 12-63 所示。

图12-63

第13章
综合实战

为帮助读者快速掌握不同行业的设计特征与要求，以从容应对复杂多变的平面设计任务，本章将聚焦当下热门行业与领域，深入探讨 Photoshop 在电商美工、创意合成、UI 设计、直播间页面设计以及产品包装设计等方面的具体应用场景与实践方法。通过学习本章内容，读者能够高效积累相关经验，深化专业知识储备，进而游刃有余地完成各类平面设计项目。

13.1 实战：LOGO 设计

LOGO 在生活中随处可见。一些知名品牌的 LOGO 看似简洁明快，却拥有令人过目难忘的独特魅力。那么，这些 LOGO 究竟是通过何种方式设计出来的呢？ LOGO 设计作为品牌设计体系中的关键一环，在本节中，我们将学习如何运用最为简洁的设计手法，精准传达其背后蕴含的丰富含义。

13.1.1 实战：字母 LOGO 设计

本例将使用 Photoshop 中的"创成式填充"功能进行字母 LOGO 设计，具体的操作步骤如下。

01 首先启动Photoshop，执行"文件"→"新建"命令，参数设置如图13-1所示。

02 使用"矩形选框工具" 在画面中定义一个矩形选区，如图13-2所示。

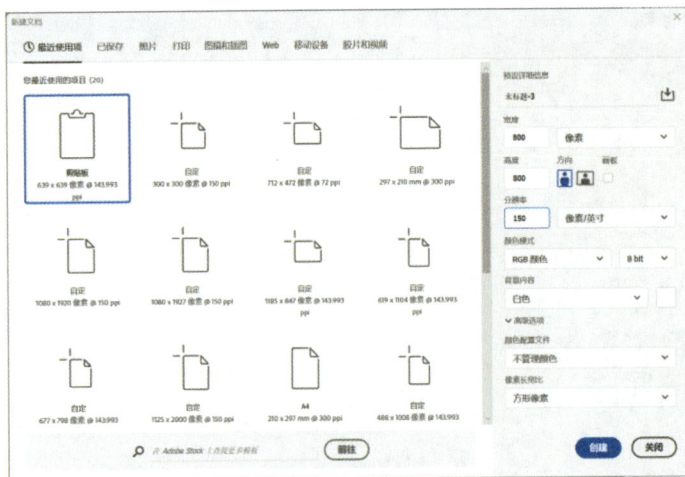

图13-1

图13-2

03 执行"窗口"→"上下文任务栏"命令，在"上下文任务栏"中的"创成式填充"文本框中输入描述词："字母J的标志，扁平圆形排版，简约，透明白色背景，由Steff Geissbuhler设计，无阴影细节照片逼真的色彩轮廓"，单击"生成"按钮，即可生成。生成的效果如图13-3所示。

图13-3

13.1.2　实战：图形 LOGO 设计

本例将使用"创成式填充"功能进行图形 LOGO 设计，具体的操作步骤如下。

执行"窗口"→"上下文任务栏"命令，在"上下文任务栏"的"创成式填充"文本框中输入描述词："猫的标志与三叉戟，徽章，侵略性，图形，LOGO"，单击"生成"按钮，即可生成。生成的效果如图 13-4 所示。

图13-4

13.1.3　实战：线条 LOGO 设计

本例将使用"创成式填充"功能进行线条 LOGO 设计，具体的操作步骤如下。

执行"窗口"→"上下文任务栏"命令，在"上下文任务栏"的"创成式填充"文本框中输入描述词："生成一个蓝绿色结合，线条流畅，以叶子形象进行设计一个环保的 LOGO"。单击"生成"按钮，生成的效果如图 13-5 所示。

图13-5

13.2 实战：海报设计

海报设计是一种以视觉元素（涵盖图像、文字、色彩及排版等）为载体，用于传递信息或开展宣传推广的设计形式，常见于广告宣传、活动推广以及品牌塑造等场景。其核心设计理念在于，通过独特且富有创意的视觉呈现，吸引受众目光，并高效、精准地传达设计主题与情感内涵，以简洁明了的表达方式突出核心信息。

13.2.1 实战：专辑发布海报

专辑发布海报作为新专辑宣传推广的关键视觉媒介，巧妙融合创意设计手法与专辑名称、歌手形象、发布日期等核心信息，全方位展现专辑的主题特色与风格基调，从而精准吸引目标受众的关注。此类海报的核心价值在于营造强烈的期待氛围，有效提升专辑发布前的市场热度，推动其在目标群体中的广泛关注与传播。本例将讲述一张音乐专辑海报的制作过程，具体效果如图13-6所示。

本例制作要点

※ 整理文案和图片素材，梳理信息优先级并完成初步排版设计雏形。

※ 使用Photoshop抠图并调整效果，结合背景与几何元素设计主视觉，完成核心信息元素布局。

※ 优化细节，通过渐变、阴影等修饰性元素丰富画面层次感，确保整体画面协调统一。

13.2.2 实战：端午海报

端午节，作为中国极具代表性的传统节日，定于每年农历五月初五，也称"端阳节""端午节""重五节"等。其起源纷繁复杂，与多种文化元素和民间传说紧密相连，而其中流传最广、影响最深的，当属纪念爱国诗人屈原的动人故事。本例将引导大家完成一张端午节主题海报的制作，效果如图13-7所示。

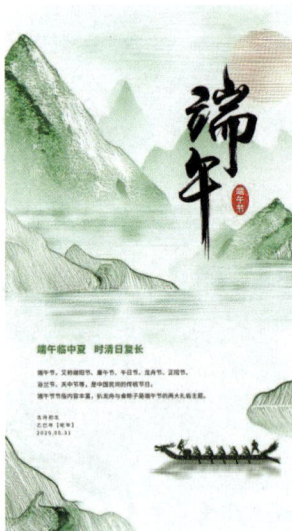

图13-6   图13-7

本例制作要点

※ 使用Photoshop的AI功能生成背景图片，输入描述词如"湖水，远山，划龙舟"，并根据生成的画面调整背景效果。

※ 导入"赛龙舟"素材，使用"自由变换"功能调整大小和位置，执行"色彩平滑"命令调整色彩，并通过图层蒙版调整图层应用范围。

※ 导入"端午"文字素材，添加描述文字，调整文字效果和太阳的色调，最后调整文字位置和整体布局，完成排版设计。

13.3 实战：合成设计

合成设计是一种极具创意性的设计手法，它通过将多种素材、图像或元素进行融合，并借助调整、剪切、叠加以及特效处理等操作，创造出别具一格、新颖独特的视觉效果。在实际设计工作中，诸多需要呈现的特殊场景往往受限于现实条件，难以通过实际拍摄获取理想的画面素材，此时，Photoshop强大的图像合成功能便派上了用场。借助该软件，设计师能够突破现实束缚，实现天马行空的创意构思。本例将带领大家完成一张情景类合成图像的制作，效果如图 13-8 所示。

图13-8

本例制作要点

※ 打开透明无底图的"跑车"素材，通过"创成式填充"功能生成蓝色天空背景，随后导入"战斗机""火星"等素材，调整位置和大小，使用"图层蒙版"处理多余部分。

※ 添加"裂纹""碎石""破洞"等素材，调整为"强光"模式，并使用"模糊"滤镜及"画笔工具"修饰细节。导入"光""火花"素材，调整为"滤色"模式，优化光影效果。

※ 调整直升机图像的色阶参数，使用剪切蒙版和"画笔工具"为其添加环境色，优化天空颜色，通过"可选颜色"命令调整整体画面色调，完成最终设计。

13.4 实战：弹窗设计

UI 设计，即用户界面设计，是一项专注于为数字产品（如网站、移动应用程序以及各类软件）打造视觉交互界面的设计工作。其核心目标在于巧妙运用布局、色彩、字体、图标等视觉元素，构建出既具有美感又便于用户操作的界面，从而全方位提升用户体验。

UI 设计着重考量用户的视觉感知体验与交互操作的便捷性，致力于让产品的各项功能以直观易懂的方式呈现给用户，同时始终保持与品牌整体风格的高度一致性。可以说，UI 设计是连接用户与数字产品的重要桥梁，它承载着信息传递与情感沟通的双重使命。

本例将引领大家完成一张弹窗界面的设计，效果如图 13-9 所示。

本例制作要点

※ 使用创成式填充功能生成主体形象，通过多步骤优化细节，确保主题鲜明、完整。

※ 利用 Photoshop 工具进行弹窗设计，添加背景、图形、文字等元素，打造层次丰富的排版效果。

※ 综合运用多种调整工具与图层样式，完成光影细节处理，最终呈现专业化设计效果。

图13-9

13.5 实战：网页设计

网页设计的核心目标在于，凭借美观且富有吸引力的视觉呈现，以及高效合理的布局架构，精准捕获用户的注意力，全方位提升用户的使用体验，助力用户快速定位所需信息或高效完成既定任务。与此同时，网页设计还需要深度融入品牌理念，强化品牌形象塑造，充分展示企业的独特文化与核心价值，进而增强品牌在用户心中的认知度与美誉度。此外，网页设计应紧密围绕业务目标展开，例如通过优化设计策略推动销售增长、吸引更多用户订阅服务，或者提升网站流量等，为企业的业务发展提供有力支持。

本例将引领大家完成一张网页的设计制作，效果如图 13-10 所示。

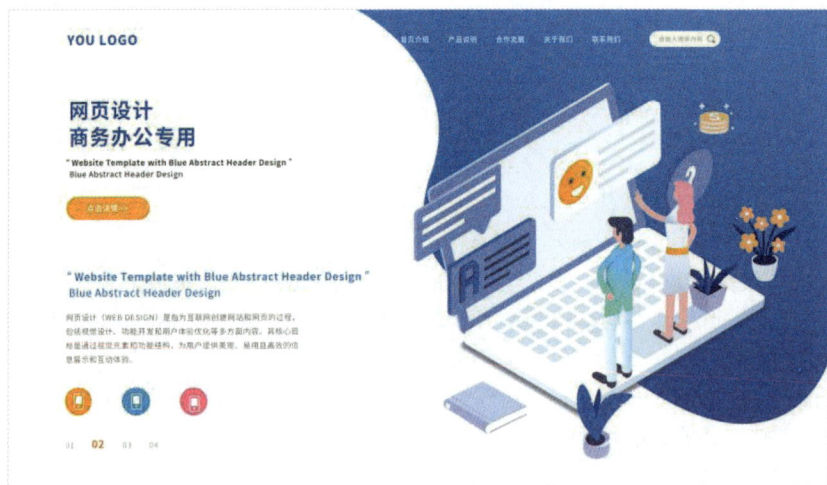

图13-10

本例制作要点

※ 新建宽度为 1920 像素，高度为 1080 像素的 RGB 文档，设置初始工作文档。

※ 使用素材图片与创成式填充功能，生成书本、插画和金色钱币等元素，丰富页面内容。

※ 添加文字、形状和图标，完成商务网页整体设计与排版。

13.6 实战：电商主图设计

主图，即电子商务平台中用于展示商品的核心图片，一般置于商品详情页面的醒目位置。在竞争激烈的电商环境中，主图是吸引用户点击商品链接、激发其购买欲望的关键视觉要素，其设计质量直接影响着商品的流量转化与销售成效。本例将演示一张电商主图的设计流程，效果如图 13-11 所示。

本例制作要点

※ 使用创成式填充功能生成背景和展台图像，再添加一些细节，如草坪和猫等。

※ 通过"选择主体"功能扣取商品素材，调整位置和大小，同时加入投影效果提升视觉层次。

※ 绘制矩形并应用图层样式，如斜面、渐变叠加和投影等，设计出富有层次的版式，最终添加文本完成设计。

图13-11

13.7 实战：Banner 设计

Banner 设计，即专为广告宣传、促销活动推广、品牌形象塑造以及其他各类营销目标而打造的图形化视觉设计。在网页或应用程序界面中，Banner 通常以横幅广告的形式呈现，其核心作用在于快速吸引用户的视觉关注，并精准、高效地传递关键营销信息。

Banner 的表现形式丰富多样，既可以是静态的平面展示，也可以是动态的多媒体呈现（例如动画 Banner）。从构成元素来看，Banner 往往融合了图像、文字、标语、交互按钮等多种元素，通过巧妙组合与精心编排，生动且直观地传达广告或活动的主旨内容，引导用户产生进一步了解或参与的行为。

本例将引领大家完成一张 Banner 的设计，如图 13-12 所示。

本例制作要点

※ 使用 Photoshop 的创成式填充功能，生成大理石桌台、花盆、篮子等图像元素，并通过调整素材位置与样式增强画面效果。

※ 导入画面元素，为元素如叶子、立方体和洗衣机添加阴影与模糊效果，调整图层的不透明度，增强图像立体感与深度感。

※ 使用"横排文字工具"与"直线工具"完成文字排版。

图 13-12

13.8 实战: 3D 图标设计

在 Photoshop 中,运用图层样式进行图标设计是一种高效且实用的方法。该设计方式通过为图层设置各类特效(例如斜面和浮雕效果、渐变叠加效果、描边效果等),能够直接在基础图形或文字元素上赋予立体层次感、细腻质感以及逼真的光影效果,使图标在视觉上更具吸引力与表现力。

相较于传统需要复杂手绘技巧或三维建模流程的设计方式,基于图层样式的图标设计操作简便、上手门槛低,能够快速生成具备立体视觉效果、金属质感或光泽质感的图标。这类图标在 UI 设计、移动应用程序(App)界面设计以及网页元素设计中应用广泛,可有效提升界面的整体美观度与交互体验。

本例将详细讲解并示范一张 3D 图标的设计制作过程,效果如图 13-13 所示。

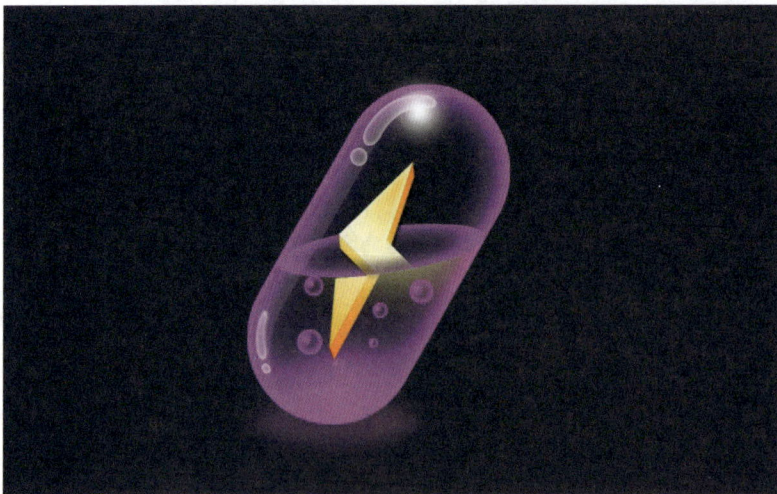

图 13-13

本例制作要点

※ 绘制基础胶囊外形,包括背景设置、矩形绘制与填充调整。

※ 通过图层样式(如内发光、外发光等)和自由变换等方式制作出胶囊的发光效果。

※ 添加高光效果、内部细节(闪电图案)与环境光效(如高光、水泡等)进行整体装饰,增强图标表现力。

13.9 实战：App 界面设计

App 界面设计是指为移动应用程序打造视觉界面并构建交互体验的全流程设计工作。该设计领域深度融合美学原则、功能实现与用户需求洞察，通过精心设计直观合理的布局架构、简洁易识别的图标与按钮、和谐统一的配色方案，以及生动自然的动画效果等元素，全方位为用户营造流畅、愉悦且高效的操作体验，效果如图13-14所示。

本例制作要点

※ 通过绘制不同颜色和圆角矩形，添加图标和文字，构建功能按钮及视觉层次。

※ 展示商品信息、商家数据，并通过图层蒙版和图层样式添加视觉效果。

※ 通过图标、文字和渐变效果，创建会员界面，并结合素材图像与投影增强画面立体感。

图13-14

13.10 实战：元宵节汤圆包装设计

产品包装设计是产品宣传推广的重要手段之一。在进行包装设计时，设计师需要深入剖析产品的独特属性，精准选取与之相契合的色调体系，并巧妙运用各类色彩元素，以突出核心主题。如此一来，消费者在接触产品包装的瞬间，便能迅速洞察包装内容，从而在脑海中留下鲜明且深刻的印象，有效提升产品在市场中的辨识度与吸引力，效果如图13-15所示。

图13-15

本例制作要点

※ 新建文档，利用"矩形工具"和"形状工具"绘制背景元素，并设置合适的颜色与圆角效果，形成包装的基础结构。

※ 插入相关图像素材，应用图层样式进行调整，并使用"横排文字工具"添加节庆文字，确保设计的主题明确且层次丰富。

※ 通过智能对象技术整合设计内容，并将导出的 JPG 文件调整到样机文件中，完成最终包装效果的展示制作。

Photoshop 2025从新手到高手